高等职业教育"岗课赛证"融通系列教材

园林景观设计

徐一斐　吴小业　郑　霞　主编

化学工业出版社

·北京

内容简介

本书根据园林景观设计岗位工作的特点，以职业能力培养为根本出发点，采用模块化的编写方式编写。全书共 12 个模块，分别为园林景观设计职业岗位概述、园林制图标准和设计图识图及绘制、景观设计基础、园林植物的识别与应用、单位附属绿地设计、住宅小区绿地设计、城市道路绿地设计、别墅庭院绿地设计、屋顶花园设计、小型环境景观设计案例、设计后期工程协调、岗位技能知识题库。书中设置了园林景观设计岗位人员必备的植物知识、制图标准和规范、园林设计图的识图及绘制、基本的景观设计理念和思路，结合企业实际岗位工作的特点，设有不同类别的绿地规划设计和案例解析等，能有效指导园林景观设计岗位人员的工作。为检验和巩固技能知识，设置了 329 个综合技能测试，并配有答案。书中配套教学微课，扫描二维码即可观看，并配套课程标准、教案、教学课件 PPT，教师登录化工教育网注册后即可下载。

本书适用于高等职业教育园林技术专业、园林工程技术专业、风景园林设计等相关专业，也可供园林园艺工作者、园林兴趣爱好者参考。

图书在版编目（CIP）数据

园林景观设计/徐一斐，吴小业，郑霞主编. —北京：化学工业出版社，2023.9

高等职业教育"岗课赛证"融通系列教材

ISBN 978-7-122-43773-0

Ⅰ.①园… Ⅱ.①徐… ②吴… ③郑… Ⅲ.①园林设计-景观设计-高等职业教育-教材 Ⅳ.①TU986.2

中国国家版本馆CIP数据核字（2023）第125014号

责任编辑：张 阳 迟 蕾　　　　　　　文字编辑：谢晓馨 刘 璐
责任校对：宋 夏　　　　　　　　　　　装帧设计：张 辉

出版发行：化学工业出版社（北京市东城区青年湖南街13号　邮政编码100011）
印　　装：盛大（天津）印刷有限公司
787mm×1092mm 1/16 印张12½ 字数294千字 2023年10月北京第1版第1次印刷

购书咨询：010-64518888　　　　　　　　　售后服务：010-64518899
网　　址：http://www.cip.com.cn
凡购买本书，如有缺损质量问题，本社销售中心负责调换。

定　　价：59.00元　　　　　　　　　　　　　　　　　　版权所有　违者必究

编写人员名单

主　　编　徐一斐　吴小业　郑　霞
副 主 编　谢光园　荣亮亮　张学许　卢显友
编写人员（按姓氏拼音排序）

　　　　　　陈　璟（湖南环境生物职业技术学院）
　　　　　　陈乐湑（湖南环境生物职业技术学院）
　　　　　　陈　霞（常德职业技术学院）
　　　　　　程会凤（长沙环境保护职业技术学院）
　　　　　　邓阿琴（湖南环境生物职业技术学院）
　　　　　　邓　洁（永州职业技术学院）
　　　　　　郭　锐（湖南环境生物职业技术学院）
　　　　　　胡顺利（天津海运职业学院）
　　　　　　李　妙（湖南生物机电职业技术学院）
　　　　　　李肖楠（天津海运职业学院）
　　　　　　李　阳（天津现代职业学院）
　　　　　　廖毅华（广东百林生态科技股份有限公司）
　　　　　　刘　杜（湖南小埠今业生态科技股份有限公司）
　　　　　　卢显友（广东百林生态科技股份有限公司）
　　　　　　罗慧敏（湖南环境生物职业技术学院）
　　　　　　荣亮亮（广东生态工程职业学院）
　　　　　　申明达（永州职业技术学院）
　　　　　　汤　辉（岳阳职业技术学院）
　　　　　　王　兰（广东百林生态科技股份有限公司）
　　　　　　吴家禾（湖南环境生物职业技术学院）
　　　　　　吴小业（广东百林生态科技股份有限公司）
　　　　　　向　友（怀化职业技术学院）
　　　　　　谢光园（湖南环境生物职业技术学院）
　　　　　　徐一斐（湖南环境生物职业技术学院）
　　　　　　阳　芳（湖南环境生物职业技术学院）
　　　　　　阳征助（湖南生物机电职业技术学院）
　　　　　　张学许（湖南小埠今业生态科技股份有限公司）
　　　　　　郑　霞（湖南省一建园林建设有限公司）
　　　　　　郑婷婷（湖南省一建园林建设有限公司）
　　　　　　周　舟（岳阳职业技术学院）
　　　　　　竹　丽（长沙环境保护职业技术学院）
　　　　　　邹水平（广东百林生态科技股份有限公司）

前　言

园林自古以来就被视为中国人的心灵栖息地，历史上的名园数不胜数，充分展现了中华文化精神与中国人的智慧。园林景观是人与自然和谐共生的产物，集中体现了景观设计者对自然的认识、运用与尊重。对于即将进入社会从事园林景观设计的学生而言，首要的是明确时代的要求，进而才能明晰自身的责任。进入新时代，我国的人居环境得到了很大改善，我们的天更蓝、山更绿、水更清了，这无疑为园林的建设创造了更好的条件。园林景观设计的最终目的是：创造出风景如画、环境舒适、生态健康的游憩空间，美化城镇和乡村环境，助力美丽中国建设。园林景观设计既是一门技术，又是一种艺术；既需要掌握建筑、植物栽培与养护、工程造价、施工管理等相关知识与技能，又要具备一定的文学、美术、设计等的修养与能力。

本书是按照国家现代学徒制园林技术专业的园林景观设计岗位必备的技能要求来编写的，校企共同参与，目的是有针对性地培养学生的专项技能，致力于培养学生的工匠精神和创新创业精神，对接行业企业岗位需求，让毕业生能够顺利承担并胜任企业工作。本书采用模块化的编写体例，模块之间有内容递进关系，可帮助学生逐渐提升能力。全书共设置12个模块：园林景观设计职业岗位概述、园林制图标准和设计图识图及绘制、景观设计基础、园林植物的识别与应用、单位附属绿地设计、住宅小区绿地设计、城市道路绿地设计、别墅庭院绿地设计、屋顶花园设计、小型环境景观设计案例、设计后期工程协调、岗位技能知识题库。本书内容翔实、图文并茂、科学易用、通俗易懂，方便学生快速掌握岗位必备的植物知识、制图标准和规范、园林设计图的识图及绘制、基本景观的设计理念和思路、不同类别的绿地规划设计等技能知识。书后设置了329个综合技能测试，并配有答案。书中配套教学微课，扫描二维码即可观看，并配套课程标准、教案、教学课件PPT，教师登录化工教育网注册后即可下载。

本书由徐一斐、吴小业、郑霞担任主编，谢光园、荣亮亮、张学许、卢显友担任副主编，陈乐谐、陈璟、陈霞、程会凤、邓阿琴、邓洁、郭锐、胡顺利、廖毅华、刘杜、罗慧敏、李妙、李肖楠、李阳、申明达、汤辉、王兰、吴家禾、向友、阳芳、阳征助、周舟、邹水平、竹丽、郑婷婷参编。在此，对参与编写的学校、企业人员的大力支持表示感谢！由于时间、精力所限，书中难免有不足之处，欢迎广大读者、专家批评指正！

目 录

模块 1　园林景观设计职业岗位概述

1.1　职业岗位简介 / 001　　　　1.2　职业岗位要求和职责 / 002

模块 2　园林制图标准和设计图识图及绘制

2.1　园林制图标准 / 006　　　　2.3　园林设计图的识图与绘制 / 025
2.2　园林设计图的构成要素及绘制 / 012

模块 3　景观设计基础

3.1　景观设计的基本原理 / 035　　　　3.4　园林植物造景设计的程序 / 046
3.2　景观设计的基本方法 / 040　　　　3.5　植物组团造景设计图解及实景 / 049
3.3　景观设计的程序和步骤 / 043

模块 4　园林植物的识别与应用

4.1　园林植物的形态和分类 / 053　　　　4.6　藤本植物 / 075
4.2　乔木植物 / 056　　　　4.7　水生植物 / 076
4.3　灌木植物 / 063　　　　4.8　蕨类植物 / 077
4.4　地被植物 / 068　　　　4.9　草坪植物 / 078
4.5　竹类植物 / 074

模块 5　单位附属绿地设计

5.1　单位附属绿地的概述 / 080　　　　5.3　单位附属绿地景观设计案例 / 081
5.2　单位附属绿地植物配置 / 080

模块 6　住宅小区绿地设计

6.1　住宅小区绿地的概述 / 091　　　　6.3　住宅小区绿地规划设计的步骤 / 096
6.2　住宅小区绿地景观设计原则及要点　　　　6.4　住宅小区绿地景观设计案例 / 099
　　　／ 095

模块 7　城市道路绿地设计

7.1　城市道路绿地的概述　/　108
7.2　城市道路绿地景观设计原则及要点　/　111
7.3　城市道路与广场绿地景观设计案例　/　114

模块 8　别墅庭院绿地设计

8.1　别墅庭院绿地的概述　/　125
8.2　别墅庭院绿地景观设计原则及要点　/　126
8.3　别墅庭院绿地景观设计案例　/　129

模块 9　屋顶花园设计

9.1　屋顶花园的概述　/　133
9.2　屋顶花园的设计原则及要点　/　137
9.3　屋顶花园景观设计案例　/　140

模块 10　小型环境景观设计案例

10.1　单位附属绿地　/　144
10.2　住宅小区绿地　/　147
10.3　市政小广场（小游园）绿地　/　152
10.4　别墅庭院绿地　/　156
10.5　屋顶花园及其他绿地　/　160

模块 11　设计后期工程协调

11.1　施工现场交底　/　165
11.2　施工协调与施工程序　/　168

模块 12　岗位技能知识题库

12.1　名词解释　/　171
12.2　填空题　/　174
12.3　单项选择题　/　176
12.4　多项选择题　/　178
12.5　判断题　/　184
12.6　问答题　/　186
12.7　设计题　/　192

参考文献

模块 1
园林景观设计职业岗位概述

1.1 职业岗位简介

园林景观设计是一门研究如何应用园林艺术和工程技术手段处理自然、建筑和人类活动之间的复杂关系，达到人与自然和谐共生、自然生态环境优美，让场域呈现画之境界的一门学科。园林景观设计岗位要求相关人员能从事园林景观勘察、规划设计工作，进一步美化城市，改善和提质乡村自然生态环境和游憩境域。

1.1.1 岗位概况

专业名称：园林园艺规划（园林技术、风景园林设计、环境艺术设计等）。
岗位名称：园林景观设计。
岗位定义：从事园林制图与识图、微地形设计、园林植物配置设计、造景设计和技术指导等。
适用范围：园林绿地勘察设计、园林景观规划设计、绿化工程施工图设计。

1.1.2 岗位人才成长路径和条件要求

本职业岗位人才成长路径共设四个阶段，分别为：辅助阶段、助理阶段、主管阶段、高管阶段。成长路径没有捷径，要经年累月地沉淀和打磨，多锻炼、多学习、多交流，不断积累经验和技术。干一行爱一行，通过持续不断的努力加上对专业技术的领悟，最终成为一名具有大国工匠精神的景观设计师，为建设美丽中国贡献自己的力量。

（1）辅助阶段

本阶段要求高职毕业生具有园林制图与识图、园林文化及艺术、园林手绘表现技法、园林植物、园林工程材料、园林计算机辅助设计（CAD、PS、SU等）、园林规划设计、园林建筑设计、植物景观设计、园林工程施工图设计、园林工程概预算等相关理论知识。其主要工作是进入园林企业工作，辅助景观设计师完成较为简单的工作，如排版整理图纸、打印图纸、添加图例、统计植物数量等。

（2）助理阶段

本阶段要求具有高职高专学校园林技术类相关专业毕业证书，在第一阶段的基础上，连续从事本职业工作 4 年以上。在景观设计师的指导下，能独立承担景观设计的部分助理设计工作，独立完成小型园林景观设计项目图纸的绘制、修改和出图工作。如完成各个分区放大平、立、剖面图的绘制工作，完成小别墅、小庭院、小游园等小型园林景观的设计工作。

（3）主管阶段

本阶段要求在第二阶段的基础上，连续从事本职业工作 5 年以上。相当于景观设计师岗位主管工作，能主管一个以上园林景观设计项目，带领一个团队完成小、中型景观设计项目。如能够完成园林景观设计项目的方案洽谈、现场勘察、初步方案草图、方案规划设计和园林景观工程项目的预算编制工作。

（4）高管阶段

本阶段要求在第三阶段的基础上，连续从事本职业工作 4 年以上。相当于大公司的设计院院长、设计部经理或高级景观设计管理岗位，能主持或管理一个以上园林景观设计项目，包括从方案规划设计到项目施工图设计，并能领导一个以上团队完成中、大型园林景观设计项目。

1.2　职业岗位要求和职责

该岗位要求从业者具有良好的职业道德，掌握传统园林理论基础，具有建筑、植物、美学、文学等相关专业知识，并能有意识地对自然环境进行改造规划设计；掌握园林景观设计技能，了解园林工程造价、园林植物栽培、养护及施工管理等技术，进而做出令业主满意的经济、适用、美观、生态的园林景观设计方案。

1.2.1　园林景观设计岗位的职业素养要求和技能要求

① 遵守国家法律、法规、各项政策和各项技术安全操作规程，以及本单位的规章制度，具有良好的品格，无违法、犯罪记录。

② 树立良好的职业道德、敬业精神、吃苦耐劳的精神以及刻苦钻研技术的精神。

③ 为人正派、廉洁奉公，坚持原则，工作勤恳，责任心强；具有较强的沟通、协调能力及团队合作精神。

④ 掌握制图规范和标准，掌握风景园林设计相关课程的理论基础知识，具有一定的艺术鉴赏能力和表达能力。

⑤ 能够熟练操作 AutoCAD、Photoshop、SketchUp 或 3ds Max、Lumion 等专业绘图软件。

⑥ 在设计方面具有独特风格，熟悉设计流程，熟悉植物的绿化配置效果，熟练掌握景观要素之间的组合和搭配。

⑦ 能独立组织园林景观项目的规划设计和施工变更设计工作，能有效地控制投资成本、

工期进度和景观实施效果等。

1.2.2 园林景观设计岗位职责和工作内容

园林景观设计岗位能为绿地规划设计项目提供专业技术支持，完成项目的园林景观设计方案及设计图纸；负责本专业的设计管理工作，沟通协调其他相关专业按要求完成设计；参与本专业的设计成果评审、图纸会审及设计变更；参与现场施工技术支持及工程验收，协助解决施工现场实际问题，完成领导及上级部门交办的其他工作事项。

（1）具体工作细则

① 负责对工程项目的现场开展勘察工作，对部分地点进行测量和拍照，草拟初步设计方案，开展相关设计图纸绘制工作，根据图纸、甲方要求及法规编制配置清单并形成方案，提交主管审核。

a. 熟悉各项目中相关行业的相关法规及要求，能够运用到设计方案中；

b. 认真分析和研究现状平面图或相关项目的情况，与业主进行充分的沟通和交流，了解业主的基本要求和投资意愿，初步确定设计的思路和深度；

c. 对工程项目进行现场勘察，了解场地的空间背景、内外联系、场地范围、地形、地貌、植物、水源、土壤等情况，以便因地制宜地进行地形、水体、植物、园林建筑及小品、道路和广场的综合规划和设计；

d. 根据相关法规及甲方要求绘制图纸，并根据图纸及甲方要求形成相应的预算清单及方案，提交主管审核；

e. 需要投标时，积极配合主管或设计师优化项目的预算清单及方案，最终形成有效的文件，直至投标完毕。

② 能参与并配合相关部门完成技术标文件制作，做到不废标的同时，提高标书内容质量。

a. 能够独立完成招标文件所提出的响应要求，例如投标保证金填报、投标响应文件反馈或承诺；

b. 能够完全理解招标文件里面提供的文件及内容，对不理解的文件及内容能做到及时提问；

c. 能够独立完成公司的投标文件，商务文件做到内容与实际完全符合，公司的资质文件、参与人员证件、技术文件等没有少放、漏放，做到内容填写完全正确；

d. 完全积极配合主管或者其他下达任务人员，做到认真检查，发现问题及时修改，最终形成有效文件，直至投标结束，形成报告文档存档。

③ 按设计项目的区域进行设计档案分类和整理，保存工程设计资料电子文档。

a. 对所有项目的设计文件及过程文件进行分类整理，按原有的分类方式，保存在数据服务器中；

b. 将所有设计文件统一放置于数据服务器的硬盘中，每月的最后一天备份至设计员本地盘，形成双重备份，防止丢失。

（2）具体设计项目

① 城市与区域规划设计，即区域的景观设计，就是在城市规划的区域尺度上进行设计，梳理它的水系、山脉、绿地以及交通系统等。

② 城市绿地规划设计，城市需要规划设计，它的公共空间、开放空间、绿地、水系等界定了城市的形态。

③ 风景旅游地规划设计，包括风景旅游地的规划和设计，自然和历史文化遗产地的规划和设计。

④ 道路绿地规划设计。

⑤ 单位附属绿地规划设计。

⑥ 花园、公园的绿地规划设计。

⑦ 自然风景区的重建或景观提质改造设计。

⑧ 城市广场、滨水区和步行街设计。

⑨ 美丽乡村植物造景配置设计。

⑩ 居住小区或别墅庭院绿地规划设计。

⑪ 城市生态系统的规划。

（3）最终方案设计图纸成果文本内容

方案设计阶段的主要成果文件内容如下。

① 封面和目录。

② 彩色总平面图（图例及相应注释说明，含可编辑的CAD图）。

③ 整体设计说明、分期设计的景观设计说明（中文，包括展示区及非展示区）。

④ 总平面竖向总体关系设计图。

⑤ 交通分析图、功能分区设计图、视线分析图。

⑥ 景观分析图（交通流线分析、景观区域分块、景点分布、停车分析、场地分析、视线分析、竖向分析等）。

⑦ 各个分区放大平、立、剖面图（格式为可编辑的CAD图）。

⑧ 各类景观设计效果图（包括但不限于鸟瞰、大门、中央景观、重要节点等）与景观意向图片。

⑨ 乔灌木绿化设计示意图（植物图谱）。

⑩ 景观照明布置示意图（包括照明效果及初步灯具选型）。

⑪ 水景设计示意图。

⑫ 园林构筑物布置分区示意图。

⑬ 园林道路系统图（含道路断面示意图）。

⑭ 园林小品设计与布置示意图（小品意向图若干张）。

⑮ 重点区域景观设计、架空层景观设计（如需）。

⑯ 整个小区园林动画视频（如需）。

⑰ 环境标识、导向系统、景观灯具、商业标识等设计的意向照片及综合彩色立面图。

⑱ 详细的景观投资概算。

（4）最终施工图纸设计成果文本内容

依据实测、实量数据进行设计。图纸一般以A3、A2、A1幅面打印，装订成册一式三份以上（或按设计合同约定）。具体包括如下内容。

① 施工图纸、目录。

② 材料清单表。
③ 施工图设计总说明。
④ 黑白总平面图。
⑤ 定位总平面图。
⑥ 索引总平面图。
⑦ 竖向总平面图。
⑧ 铺装布置总平面图。
⑨ 照明布置总平面图。
⑩ 给排水总平面图。
⑪ 各个分区定位平面图（如需）。
⑫ 各个分区索引平面图（如需）。
⑬ 各个分区竖向平面图（如需）。
⑭ 各个分区铺装及家具布置平面图（如需）。
⑮ 各个分区的场地剖面图（如需）。
⑯ 铺装标准做法详图。
⑰ 各个分区的铺装详图（大型项目可增加：各个分区的构筑物详图、各个分区的水景详图、各个分区的细部详图）（如需）。
⑱ 植物种植设计图（苗木表，乔木、灌木和地被种植设计图，或上木图、中木图和下木图）。

大型项目植物种植图可细分为下列内容：
a. 苗木清单（需含苗木选型图片，所有苗木图标需按苗木真实比例大小布置）；
b. 特殊排水要求及移植规范和图则；
c. 软景植物种植规范说明及植物保养说明；
d. 各个分区的乔木平面图；
e. 各个分区的灌木平面图、彩色绿化分色图（按苗木真实颜色出平面图）。
⑲ 结构图纸：需包含设计说明、对应园建的结构详图。所有涉及的图纸均需对应完整表达，有标高、尺寸、配筋标注。
⑳ 水电图纸：需包含给排水设计说明、给水布置平面图、排水布置平面图、相应水景详图、所有给排水相关部分安装大样图、电气设计说明、电气系统图、配电平面图、所有电气相关部分安装大样图、灯具选定图。

模块 2
园林制图标准和设计图识图及绘制

2.1 园林制图标准

2.1.1 图纸幅面、标题栏及会签栏

（1）图纸幅面

图纸幅面中，长边尺寸为 l，短边尺寸为 b，图纸的边线叫图幅线，内部一道封闭线叫图框线，图框线到图幅线的距离分别为 a、c，a 为装订边，另外三条边为 c，随图幅大小而变化。图纸幅面有横式（长边横向）和竖式（短边横向）之分（表 2-1、图 2-1）。

表 2-1 图纸幅面　　　　　　　　　　　　　　　　　　　　　　　单位：毫米

尺寸代号	幅面代号				
	A0	A1	A2	A3	A4
$l \times b$	1189×841	841×594	594×420	420×297	297×210
c	10			5	
a	25				

（2）图纸标题栏及会签栏

将工程名称、图名、图号、设计号，以及设计人、绘图人、审批人的签名和日期等集中列表放在图纸右下角，称为标题栏。其格式和内容可根据需要自行确定。会签栏是各工种负责人签字用的表格，放在图纸左侧上方的图框线外。制图作业可省略会签栏。

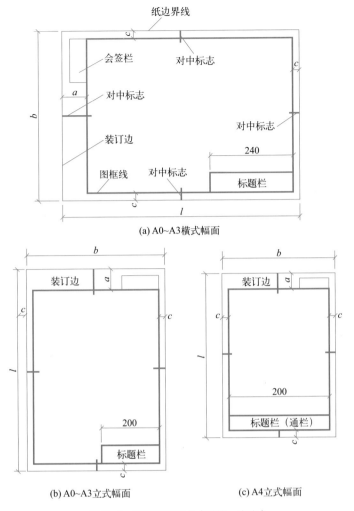

图 2-1 图纸幅面格式（单位：毫米）

2.1.2 图线

为了表示不同内容，并且能分清主次，必须使用不同线型和不同粗细的图线（表 2-2）。建筑工程图中的线型有实线、虚线、点画线、折断线、波浪线等，随用途不同反映在图线的粗细关系上。

工程图中一般使用三种线宽，且成一定的比例，粗线∶中粗线∶细线 =b ∶ 0.5b ∶ 0.25b。其中，b 值不是固定的，可根据实际情况选取 0.35 毫米、0.5 毫米、0.7 毫米、1.0 毫米、1.4 毫米、2.0 毫米。可根据图形的大小定 b 值，若大图，选大值，否则选小值。其他图线的粗细应以 b 值为标准来确定。

表 2-2 图线

图线名称	线型	主要用途
粗实线	———	可见轮廓线

续表

图线名称	线型	主要用途
虚线	-------	不可见轮廓线
细实线	———	尺寸线、尺寸界线、指引线、剖面线
点画线	—·—·—	轴线、中心线、对称线
双点画线	—··—··—	假想投影轮廓线
双折线	～	断开线
波浪线（徒手连续线）	∿	断开线

图线绘制注意事项：同一张图纸中，相同比例的图样应选用相同的线宽组。两平行线的最小间距不宜小于图中粗线的宽度，且不宜小于 0.7 毫米。同一张图纸中，虚线、点画线和双点画线的线段长度及间隔大小应各自相等。如图形较小，画点画线和双点画线有困难时，可用细实线代替。点画线或双点画线的首尾两端应是线段而不是点，点画线与点画线或与其他图线相交，应交于线段。虚线与虚线或虚线与其他图线相交时，应交于线段处。虚线是实线的延长线时，应留空隙，不得与实线相接。折断线直线间的符号和波浪线都徒手画出，折断线应通过被折断图形的全部，其两端各画出 2～3 毫米。各类图线连接的绘制如图 2-2 所示。

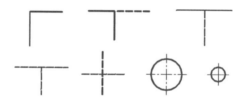

图 2-2　各类图线连接的绘制

2.1.3　字体

图纸上书写的文字有汉字、数字及字母等，用来说明物体的大小及施工的技术要求等内容。这些字体必须排列整齐、字体端正、笔画清晰；标点符号清楚正确。《房屋建筑制图统一标准》（GB/T 50001—2017）规定如下。

文字的字高应从字高系列中选用（简称字号）：3.5 毫米、5 毫米、7 毫米、10 毫米、14 毫米、20 毫米，相应字体宽度为 2.5 毫米、3.5 毫米、5 毫米、7 毫米、10 毫米、14 毫米，如需要书写更大的字，则其高度应按 $\sqrt{2}$ 的倍数递增。

图纸上的汉字应写成长仿宋体，即高宽比宜为 0.7。

书写长仿宋体的基本要领是横平竖直，起落有锋，布局均匀，填满方格。

拉丁字母、罗马字母、阿拉伯数字可写成斜体，斜体字字头向右倾斜，与水平基准线呈 75°。其高度和宽度均与相应的直体相等，与汉字并列书写时应写成直体字。

汉字高不小于 3.5 毫米，字母及数字的字高不应小于 2.5 毫米。同一图样上，只允许选用一种形式的字体。

数字或字母同汉字并列书写时，字高小一号或两号。

当拉丁字母单独作为代号或符号时，不使用I、O、Z三个字母，以免同阿拉伯数字的1、0、2相混淆。

2.1.4 比例与图名

图形与实物相对应的线性尺寸之比称为比例。比例用阿拉伯数字表示；比例大小指比值大小；比值为1的比例称原值比例（1∶1）；大于1的比例称放大比例（2∶1）；小于1的比例称缩小比例（1∶100）。比例写在图名右侧，比图名字号小一号或两号（图2-3）。

图名下画一横粗线，粗度不粗于该图纸所画图形中粗实线，横线的长度应以所写的文字所占长短为准。

当一张图纸中的各图只用一种比例时，也可把该比例单独书写在图纸标题栏内。

绘图时，根据图样的用途和被绘物体的复杂程度，优先选用常用比例，特殊情况下，选用可用比例。

图形表示物体的形状，尺寸表示物体的大小。在建筑工程图中，除了画出建筑物或构筑物等的形状外，还必须标注完整的实际尺寸，以作为施工的依据。

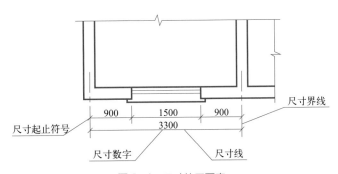

图2-3 比例的注写

2.1.5 尺寸标注

图样上标注的尺寸由尺寸线、尺寸界线、尺寸起止符号、尺寸数字组成，亦称为尺寸的四要素（图2-4）。图样上尺寸的标注应整齐划一，数字应写得整齐、端正、清晰。

图2-4 尺寸的四要素

（1）尺寸线

为被注长度的度量线，表示尺寸的方向。尺寸线采用细实线，不宜超出尺寸界线。中心线、尺寸界线及其他任何图线都不得用作尺寸线。线性尺寸的尺寸线必须与被标注的长度方向平行。

尺寸线与被标注的轮廓线的间隔不宜小于10毫米，互相平行的两尺寸线的间隔一般为7～10毫米。同一图形上的尺寸线与尺寸线的间距大小应当一致。

尺寸线与尺寸线之间、尺寸线与尺寸界线之间应尽量避免相交，因此在标注尺寸时，应将小尺寸放在里面，大尺寸放在外面。

（2）尺寸界线

尺寸界线是标注长度的界限线，采用细实线表示尺寸的范围。

一般情况下，线性尺寸的尺寸界线垂直于尺寸线，并超出尺寸线约 2 毫米。

当受地位限制或尺寸标注困难时，允许斜着引出尺寸界线来标。

尺寸界线不宜与需要标注尺寸的轮廓线相接，应留出不小于 2 毫米的间隙。当连续标注尺寸时，中间的尺寸界线可以画得较短。

图形的轮廓线及中心线都允许用作尺寸界线。

在尺寸线互相平行的尺寸标注中，应把较小的尺寸标注在靠近被标注的轮廓线处，较大的尺寸则标注在较小尺寸的外边，以避免较小尺寸的尺寸界线与较大尺寸的尺寸线相交。

（3）尺寸起止符号

尺寸线与尺寸界线相接处为尺寸的起止点。

在起止点上应画出尺寸起止符号，一般为 45° 倾斜的中粗短线，其长度一般为 2～3 毫米。

半径、直径、角度与弧线的尺寸起止符号用箭头表示。

当相邻的尺寸界线的间隔都很小时，尺寸起止符号可以采用小圆点。

（4）尺寸数字

工程图上标注的尺寸数字，是物体的实际尺寸，它与绘图所用的比例无关。

建筑工程图上标注的尺寸数字，除标高及总平面图以米为单位外；其余都以毫米为单位。因此，建筑工程图上的尺寸数字无须注写单位。

尺寸数字的注写，当尺寸线水平时，尺寸数字的字头必须朝上；当尺寸线垂直时，尺寸数字的字头必须朝左；当尺寸线倾斜时，尺寸数字的字头总保持朝上的趋势。

对于靠近竖直方向向左或向右 30° 范围内的倾斜尺寸，应从左方读数的方向来注写尺寸数字。

任何图线不得穿交尺寸数字；当不能避免时，必须将此图线断开。尺寸数字应尽可能标注在图形轮廓线以外，如确需标注在图形轮廓线以内，则必须把标注处的其他图线断开，以保证所注尺寸数字的清晰和完整。

尺寸数字应尽量注写在尺寸线的上方中部，离尺寸线应不大于 1 毫米。当尺寸界线的间隔太小，注写尺寸数字的位置不够时，最外边的尺寸数字可以注写在尺寸界线的外侧，中间的尺寸数字可与相邻的数字错开注写，必要时也可以引出注写。

（5）半径、直径、球的尺寸注法

半径尺寸线应一端指向圆弧，另一端通向圆心或对准圆心。直径尺寸线则通过圆心或对准圆心。

标注半径、直径或球的尺寸时，尺寸线应画上箭头。

半径数字、直径数字仍要沿着半径尺寸线或直径尺寸线来注写。当图形较小，注写尺寸数字及符号的位置不够时，也可以引出注写。

半径数字前应加写拉丁字母 R，直径数字前应加注直径符号 Φ。注写球的半径时，在半径代号 R 前再加写拉丁字母 S；注写球的直径时，在直径符号 Φ 前也加写拉丁字母 S。

当更大圆弧的圆心在有限地位外时,则应对准圆心画一折线状的或者断开的半径尺寸线。

(6)角度、弧长、弦长的尺寸注法

标注角度时,角度的两边作为尺寸界线,尺寸线画成圆弧,其圆心就是该角度的顶点。

标注圆弧的弧长时,其尺寸线应是该弧的同心圆弧,尺寸界线则垂直于该圆弧的弦。

标注圆弧的弦长时,其尺寸线应是平行于该弦的直线,尺寸界线则垂直于该弦。

标注角度或弧长的圆弧尺寸线,在它的起止点处应画上尺寸箭头。

角度数字一律水平注写,并在数字的右上角相应地画上角度单位度、分、秒的符号。弧长数字的上方,应加画圆弧符号"⌒"符号。

2.1.6 建筑材料图例

建筑物或构筑物都是按比例绘制在图纸上,对于一些建筑细部往往不能如实画出,而用图例来表示。同时,在建筑工程图中也采用一些图例来表示建筑材料(表2-3)。

表2-3 常用建筑材料图例

序号	名称	图例	备注
1	自然土壤		包括各种自然土壤
2	夯实土壤		—
3	砂、灰土	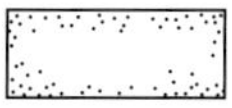	—
4	砂砾石、碎砖三合土	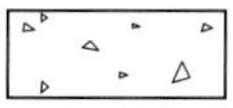	—
5	石材	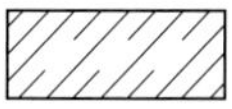	—
6	毛石	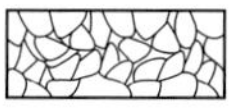	—
7	实心砖、多孔砖	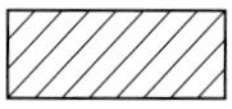	包括普通砖、多孔砖、混凝土砖等砌体
8	耐火砖	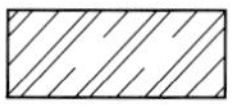	包括耐酸砖等砌体
9	空心砖、空心砌块	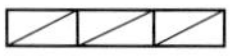	包括空心砖、普通或轻骨料混凝土小型空心砌块等砌体
10	加气混凝土	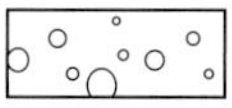	包括加气混凝土砌块砌体、加气混凝土墙板及加气混凝土材料制品等
11	饰面砖		包括铺地砖、玻璃马赛克、陶瓷锦砖、人造大理石等
12	焦渣、矿渣	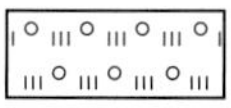	包括与水泥、石灰等混合而成的材料
13	混凝土		1. 包括各种强度等级、骨料、添加剂的混凝土 2. 在剖面图上绘制表达钢筋时,则不需绘制图例线 3. 断面图形较小,不易绘制表达图例线时,可填黑或深灰(灰度宜70%)
14	钢筋混凝土	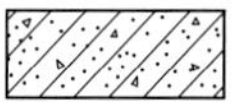	

续表

序号	名称	图例	备注
15	多孔材料	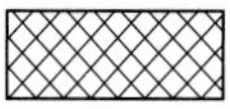	包括水泥珍珠岩、沥青珍珠岩、泡沫混凝土、软木、蛭石制品等
16	纤维材料	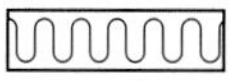	包括矿棉、岩棉、玻璃棉、麻丝、木丝板、纤维板等
17	泡沫塑料材料	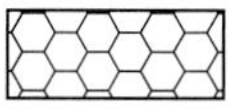	包括聚苯乙烯、聚乙烯、聚氨酯等多聚合物类材料
18	木材		1. 上图为横断面，左上图为垫木、木砖或木龙骨 2. 下图为纵断面
19	胶合板	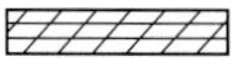	应注明为 × 层胶合板
20	石膏板	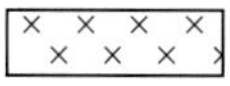	包括圆孔或方孔石膏板、防水石膏板、硅钙板、防火石膏板等
21	金属	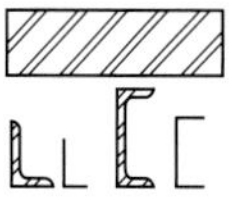	1. 包括各种金属 2. 图形较小时，可填黑或深灰（灰度宜 70%）
22	网状材料		1. 包括金属、塑料网状材料 2. 应注明具体材料名称
23	液体	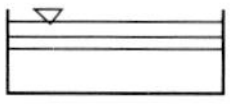	应注明具体液体名称
24	玻璃	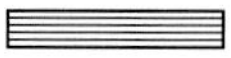	包括平板玻璃、磨砂玻璃、夹丝玻璃、钢化玻璃、中空玻璃、夹层玻璃、镀膜玻璃等
25	橡胶		—
26	塑料		包括各种软、硬塑料及有机玻璃等
27	防水材料		构造层次多或绘制比例大时，采用上面的图例
28	粉刷		本图例采用较稀的点

注：1. 本表中所列图例通常在 1 : 50 及以上比例的详图中绘制表达。

2. 如需表达砖、砌块等砌体墙的承重情况时，可通过在原有建筑材料图例上增加填灰等方式进行区分，灰度宜为 25% 左右。

3. 序号 1、2、5、7、8、14、15、21 图例中的斜线、短斜线、交叉线等均为 45°。

2.2　园林设计图的构成要素及绘制

2.2.1　园林植物的绘制

园林植物的绘制根据园林植物各自的特征，将其分为乔木、灌木、攀缘植物、竹类、花丛、绿篱和草地七大类。

（1）乔木的绘制

① 乔木的平面绘制　园林植物的平面图是指园林植物的水平投影图，一般都采用图例

概括表示。其表示方法为：用圆圈表示树冠的形状和大小，用黑点表示树木的位置及树干的粗细（图 2-5）。

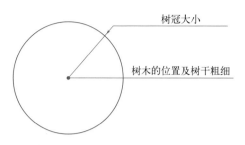

图 2-5　乔木的平面表示方法

阔叶树的绘制：阔叶树的树冠线一般为圆弧线或波浪线，且常绿的阔叶树多表现为浓密的叶子，或在树冠内加画平行斜线，落叶的阔叶树多用枯枝表现。在实际绘图中，为了区别常绿或落叶的乔木与灌木，在同一图样中可以在同一平面图中画出相互平行且间距相等的 45° 实线，或在硫酸纸背面涂红（绿）来表示落叶（常绿）的乔木或灌木（图 2-6）。

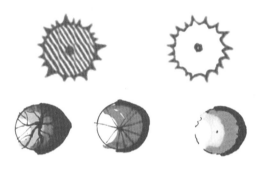

图 2-6　常绿和落叶阔叶树平面表示方法

乔木的平面绘制并无严格的规范，在实际工作中根据构图需要，可以创作出许多绘制方法。常见的阔叶树的平面表示方法如图 2-7 所示。

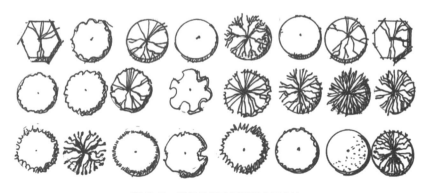

图 2-7　常见的阔叶树平面表示方法

针叶树的绘制：针叶树常以带有针刺形状的树冠来表示。若为常绿的针叶树，则在树冠线内加画平行的斜线（图 2-8）。

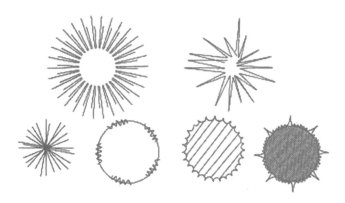

图 2-8　针叶树平面表示方法

相同的连体树木的绘制：当表示几株相连的相同树木的平面时，应互相避让，使图形成为一个整体（图 2-9）。

图 2-9　相同的连体树木平面表示方法

大片树木的绘制：当表示成林树木的平面时，可只勾勒林缘线（图 2-10）。

图 2-10　大片树木平面表示方法

② 乔木的立面绘制　树木的种类繁多、姿态万千，各种树木的树形、树干、树叶、质感各有特点，差异很大。树木的这些特点在平面图中是反映不出来的，而在树木的立面图中可以得到较精确的表现。

树冠轮廓线因树种的差异而不同，针叶树用锯齿形表示，阔叶树则用弧线形表示。只需大致表现出该植物所属类别即可，如常绿植物、落叶植物、棕榈科植物等（图 2-11）。

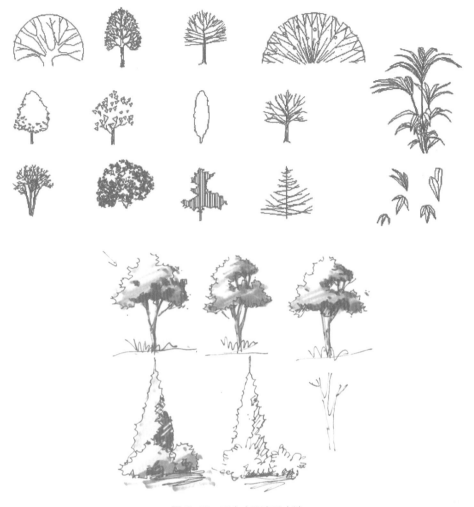

图 2-11 乔木立面表示方法

（2）灌木、攀缘植物、花丛和竹类的绘制

① 灌木、攀缘植物、花丛和竹类的平面绘制　灌木无明显的主干，植株矮小，近地面处枝干丛生，具有体积小、形多变、片植多等特点。灌木的描绘和乔木相似，但也有自己的特点。在灌木的平面图中表示片植灌木，则用粗实线绘出树木边缘的轮廓线，再用细实线与黑点表示个体树木的位置（图 2-12）。

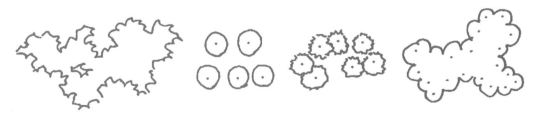

图 2-12 片植灌木平面表示方法

一般将较大的树冠覆盖在较小的树冠之上，而较小的树冠被覆盖的地方不绘制（图 2-13）。

图 2-13　丛植灌木平面表示方法

单株灌木的平面绘制与乔木类似。灌木在园林中多以丛植和群植为主，通常自然式的灌木丛、攀缘植物、竹类和花丛平面宜用轮廓法表示（图 2-14）。

图 2-14　灌木丛、攀缘植物、花丛和竹类平面表示方法

② 灌木、攀缘植物、花丛和竹类的立面绘制　灌木、攀缘植物、花丛和竹类的立面表示方法如图 2-15 所示。

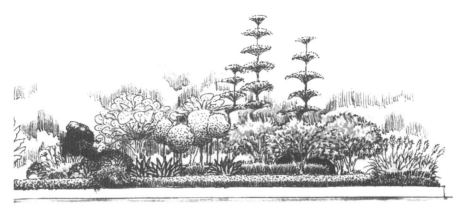

图 2-15　灌木、攀缘植物、花丛和竹类立面表示方法

（3）绿篱的绘制

绿篱多由灌木修剪而成。修剪规整的灌木和地被平面可用轮廓法、分枝法或枝叶法表示，不规则形状的灌木平面宜用轮廓法和质感法表示。绘制时应以栽植范围为准（图2-16、图2-17）。

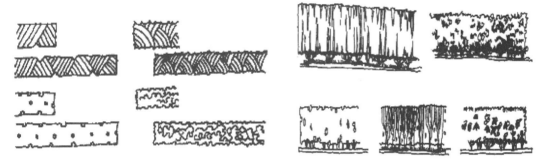

图 2-16　绿篱平面表示方法　　　　　图 2-17　绿篱立面表示方法

（4）草地的绘制

① 草地的平面绘制　在平面图中，草地用小圆点表示。小圆点应疏密有致，而且凡在草坪边缘、树冠边缘或建筑物边缘的圆点应密些，空旷处应稀些，以增加平面空间层次感（图2-18）。

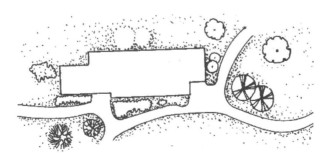

图 2-18　草地平面表示方法

2

② 草地的立面绘制　草地可用小短线或线段排列方法表示，间距可选用 2 ～ 6 毫米的平行线组。草地的立面表示方法如图 2-19 所示。

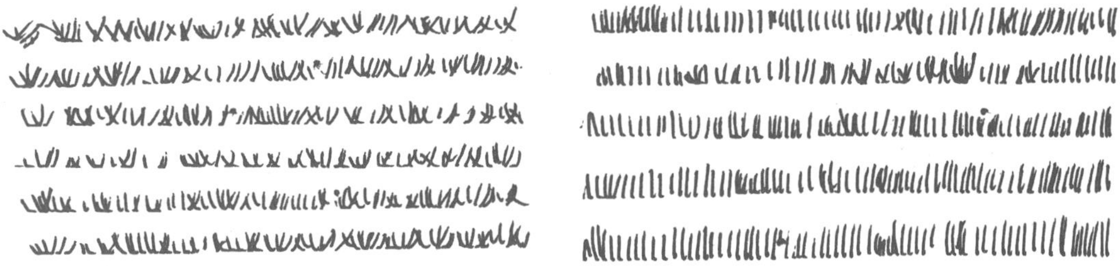

图 2-19　草地立面表示方法

2.2.2　园林山石的绘制

山石指人工堆叠在园林景观中的观赏性假山和置石。

（1）山石的一般表示

假山和置石在中国自然山水园林中占重要位置。假山是指人工再造的山景或山水景物的统称；置石以具有一定观赏价值的自然山石为材料，主要表现山石的个体美或局部的组合，而不具备完整的山形。由于山石材料的质地、纹理不同，其表现方法也不同，但主要是平面图和立面图的画法。平面、立面图中的石块通常只用线条勾勒轮廓和纹理。轮廓线用中粗实线画出，纹理线用细线画出。图 2-20 是石块的立面、平面画法。在假山施工中，有时需要画出剖面图。若要画剖面图，则轮廓剖断线用粗实线画出，如图 2-21 所示。

(a) 石块立面画法　　(b) 石块平面画法

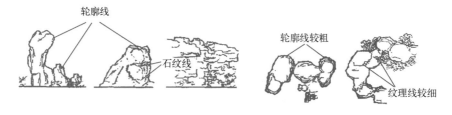

图 2-20　石块表示方法

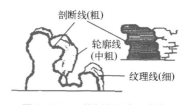

图 2-21　石块剖断面表示方法

（2）常用石材的种类

从一般掇山所用的材料来看，可将其分为湖石、黄石、青石、石笋，以及木化石、虎皮石等。

① 湖石　是经过熔融的石灰岩。这种山石的特点是纹理纵横，脉络起隐，石面上遍布

坳坎，称为"弹子窝"，很自然地形成沟、缝、穴、洞，窝洞相套，玲珑剔透。画湖石时，首先用曲线勾画出湖石轮廓线，再用形体线表现纹理的自然起伏，最后着重刻画出大小不同的洞穴。为了画出洞穴的深度，常常用笔加深其背光处，强调洞穴中的明暗对比，如图2-22所示。

(a) 太湖石平面

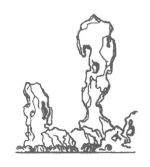
(b) 太湖石立面

图2-22 太湖石的画法

② 黄石 是一种带橙黄颜色的细砂岩，山石形体顽夯，见棱见角，节理面近乎垂直，雄浑沉实，块钝而棱锐，具有强烈的光影效果。画黄石多用平直转折线，表现块钝而棱锐的特点。为加强石头的质感和立体感，在背光面常加重线条或用斜线加深，与受光面形成明暗对比，如图2-23（a）、(b)所示。

③ 青石 是一种青灰色的细砂岩，就形体而言，多呈片状，又有"青石片"之称。画青石时要注意多层片状的特点，水平线条要有力，侧面用折线，石片层次要分明，搭配要错落有致，如图2-23（c）、(d)所示。

④ 石笋 是指外形修长如竹笋的一类山石的总称。画石笋时以表现其垂直纹理为主，可用直线或曲线。要突出石笋修长之势，掌握好细长比。石笋细部的纹理要根据石笋特点来画，如图2-23（e）所示。

假山和置石总是与其他造园要素共同成景，绘制时通常要与环境结合起来综合表示，如图2-24所示。表2-4所示为风景园林图例（山石），摘自《风景园林制图标准》（CJJ/T 67—2015）。

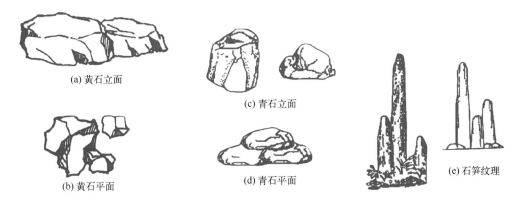

图2-23 黄石、青石平立面图和石笋纹理图

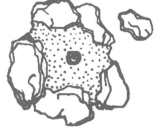

(a)"冠云峰"立面　　　　　　　　(b)树池平面

图 2-24　山石与环境结合的平立面图

表 2-4　风景园林图例（山石）

序号	名称	图例	说明
1	山石假山		根据设计绘制具体形状，人工塑山需要标注文字
2	土石假山		包括"土包石"、"石包土"及土假山，依据设计绘制具体形状
3	独立景石		依据设计绘制具体形状

2.2.3　园林水体的绘制

园林中的水面可分为静水和动水。平静水面即为静水，如平静时的湖泊、池潭等；流动之水即为动水，如河流、瀑布、喷泉等。水面可用平面图和透视图表现，二者画法相似。

为表达水之平静，常用拉长的平行线画水，平行线可以断续并留以空白表示受光部分。这些平行线在透视图上是近粗而疏，远细而密。这种用平行线条表示水面的方法称为线条法。动水常用网巾线表示，运笔时有规则的弯曲，形成网状；也可用波形短线条来表示动水面。

（1）水体的平面画法

水体的平面画法分自然式和规则式两种，主要用于表示静水（图 2-25）。自然式水体是指天然形成的或模仿天然形状的河流、湖溪等。自然式水体的平面画法一般是用粗实线绘制外轮廓，再用细实线沿岸边画 2～3 道线。这种类似等高线的曲线称等深线。规则式水体是指几何形状的水池、喷泉等。如表 2-5 所示，粗实线画外轮廓，再沿内部画一条细实线作为水位线。

（2）水体的透视画法

水体的透视画法主要用于表示水景，即动水的表现。只要线条方向和水体流动方向一致，且能表现水的造型即可，如图 2-26 所示。

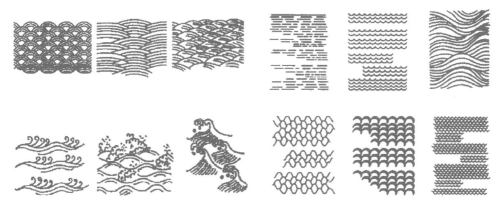

图 2-25 水体的平面表示方法

表 2-5 风景园林图例（水体）

序号	名称	图例	说明
1	自然水体		依据设计绘制具体形状，用于总图
2	规则水体		依据设计绘制具体形状，用于总图
3	跌水、瀑布		依据设计绘制具体形状，用于总图
4	旱涧		包括"旱溪"，依据设计绘制具体形状，用于总图
5	溪涧		依据设计绘制具体形状，用于总图

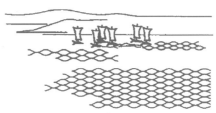

图 2-26 水体的透视表示方法

2.2.4 园林建筑及小品的绘制

园林建筑及小品的种类很多，形式各具特色，有亭、廊、花架、园门、景墙、园桌、园椅、园凳等。通常用平面图（特指沿窗台以上的水平剖面图）、立面图（H 面或 W 面投影图）、剖面图来表示，必要时加绘透视图。下面举几个典型例子。

（1）亭和廊

图 2-27 所示是一个六角亭的平面图和立面图。在大比例尺图纸中，对没有门窗的建筑，

采用通过支撑柱部位的水平剖面图来表示平面图，用粗实线画断面轮廓，用中粗实线画出其他可见轮廓。

廊的画法与亭一致，图2-28是廊的平面图。

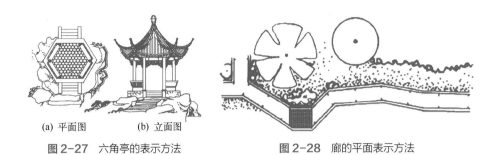

图2-27　六角亭的表示方法　　　　　图2-28　廊的平面表示方法

（2）亭与花架的组合

亭、廊、花架具有体形小、布局灵活的特点，常用作点缀，以丰富园林景观。也可相互组合，创造出更丰富的景观效果。图2-29所示是组合式花架的平面画法。

在立面图中，地面线用特粗线，外轮廓线用粗实线，装饰线用细实线。在平面图中，被剖到的断面用粗实线，未剖到的轮廓线用中粗实线。由于结构较复杂，加画透视图增加说明性，如图2-30所示。

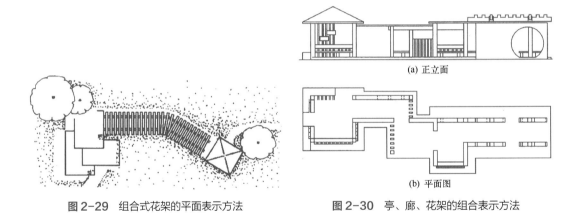

图2-29　组合式花架的平面表示方法　　　图2-30　亭、廊、花架的组合表示方法

（3）园门

园门的画法与亭的画法相同，但在平面图中将假想剖掉部分的轮廓线用细虚线表示出来，增加了说明性（图2-31）。一般原形轮廓线用双点画线表示，图形较小时才用细虚线表示。

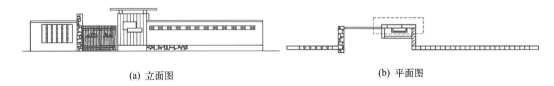

(a)　立面图　　　　　　　　　　　　　　(b)　平面图

(c) 透视图

图 2-31 园门的画法

（4）园桌、园凳、园椅

园桌、园凳、园椅的形状很多，常见的多为长方形、圆形等几何形。有时园凳、园椅也因地制宜，结合花坛、挡土墙、栏杆、山石等设置，但总的来说，结构较简单，如图 2-32 所示。画图时，画出平面图、立面图即可表达，也可根据需要画出其透视效果图，如图 2-33 所示。

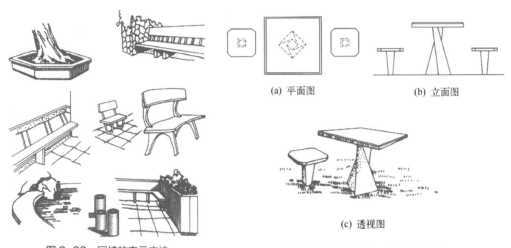

图 2-32　园椅的表示方法　　　　图 2-33　常见园桌、凳的表示方法

对于小比例尺图（1 : 1000 以上）中的园林建筑及小品，只需用粗实线画出水平投影外轮廓线。

（5）园路和园桥

一般用流畅的细曲线画出路面的两边线来表示园路的平面，较宽的园路线宽相对较大，如图 2-34 所示。园桥是园路的特殊形式，图 2-35 所示是园桥的平面图、立面图和透视图。

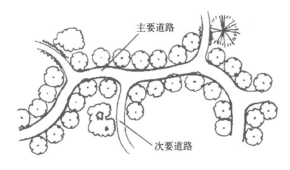

图 2-34　园路的平面表示方法

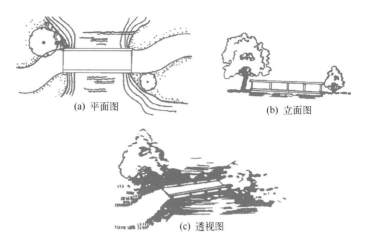

图 2-35　园桥的表示方法

(6) 建筑透视图

建筑透视图主要表现建筑物及配景的空间透视效果，它能够更形象、直观地表达建筑形体的外貌特征及设计效果。园林建筑透视图所表达的内容应以建筑为主，配景为辅。配景应以总平面图的环境为依据。为避免遮挡建筑物，配景可有取舍，建筑透视图的视点一般应选择在游人集中处，如图 2-36 所示。

图 2-36　建筑透视图

(7) 风景园林图例（常见景观小品）

表 2-6 为风景园林图例（常见景观小品），摘自《风景园林制图标准》（CJJ/T 67—2015）。

表 2-6　风景园林图例（常见景观小品）

序号	名称	图例	说明
1	花架		依据设计绘制具体形状，用于总图
2	座凳		用于表示座椅的安放位置，单独设计的根据设计形状绘制，文字说明
3	花台、花池		依据设计绘制具体形状，用于总图

续表

序号	名称	图例	说明
4	雕塑	雕塑 雕塑	仅表示位置，不表示具体形态，根据实际绘制效果确定大小；也可依据设计形态表示
5	饮水台	⊠	
6	标识牌		
7	垃圾桶		

2.3 园林设计图的识图与绘制

2.3.1 园林设计平面图

园林设计图是在掌握园林艺术理论、设计原理、有关工程技术及制图基本知识的基础上所绘制的专业图纸。它表达了园林设计人员的思想和要求，是生产施工与管理的技术文件。识读与绘制园林设计图是园林设计与施工人员必须具有的基本技能。

（1）内容与用途

园林设计平面图是表现规划范围内的各种造园要素（如地形、山石、水体、建筑、植物及园路等）布局位置的水平投影图，它是反映园林工程总体设计意图的主要图纸，也是绘制其他图纸及造园施工的依据。某小区总平面图如图 2-37 所示。

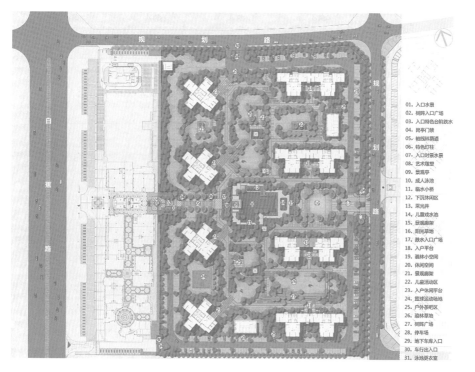

图 2-37 某小区总平面图

（2）绘制要求

由于总平面图的比例一般较小，所以设计者的设计意图是采用"图例"来表达的。各造园要素的图例详见《风景园林制图标准》，表示方法可参见本模块第二节的内容。

① 造林要素表示方法

a. 在总平面图中要表明设计地形和原有地形的状态。地形的高低变化及其分布情况通常用等高线表示。设计地形等高线用细实线绘制，原有地形等高线用细虚线绘制，设计平面图中等高线可以不标注高程。

b. 园林建筑在园林中的地位较高，在总平面图中一般要表示建筑物的形状、位置、朝向及附属设施等。在大比例尺图纸中，对有门窗的建筑，可采用通过窗台以上部位的水平剖面图来表示；对没有门窗的建筑，采用通过支撑柱部位的水平剖面图来表示。用粗实线画出断面轮廓，用中粗实线画出其他可见轮廓，如图2-38中的水榭和六角亭。此外，也可采用屋顶平面来表示（仅适用于坡屋顶和曲面屋顶），用粗实线画出外轮廓，用细实线画出屋面，对花坛、花架等建筑小品用细实线画出投影轮廓。在小比例尺图纸（1：1000以上）中，只需用粗实线画出水平投影外轮廓线，建筑小品可不画。

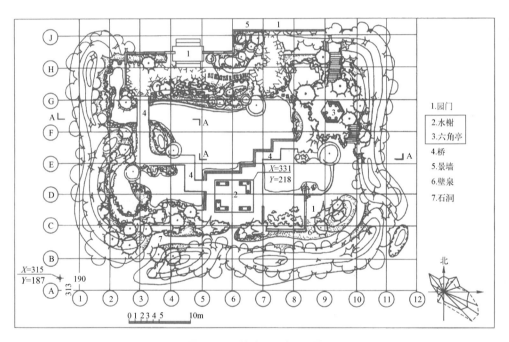

图 2-38　某游园设计平面图

c. 一般用2～3条线表示，外面的一条表示水体边界线（即驳岸线），用粗实线绘制；里面的一条表示水面，用细实线绘制。

d. 山石均采用其水平投影轮廓线概括表示，以中粗实线绘出边缘轮廓，以细实线概括绘出纹理。

e. 园路用细实线画出路缘，对铺装路面也可按设计图案简略绘出。

园林植物由于种类繁多、姿态各异，平面图中无法详尽地表达，一般采用"图例"作概括表示，所绘图例应区分出针叶树、阔叶树、常绿树、落叶树、乔木、灌木、绿篱、花卉、草坪、水生植物等，对常绿植物在图例中应用间距相等的细斜线表示。绘制植物平面图图例时，要注意曲线过渡自然，图形应形象、概括。树冠的投影要按成龄以后的树冠大小画，参考表2-7所列的冠径直径。

表2-7　冠径直径　　　　　　　　　　　　　　　　　　　　　　　　　　　单位：米

树种	孤立树	高大乔木	中小乔木	常绿大乔木	锥形幼树	花灌木	绿篱
冠径	10～15	5～10	3～7	4～8	2～3	1～3	宽0.5～1.5

② 编制图例说明　《风景园林制图标准》中的图例是常用图例，如果再使用其他图例，可依据编制图例的原则和规律进行派生，同时在图纸中适当位置画出并注明各图例含义。为了使图面清晰，便于阅读，对图中的建筑应予以编号，然后再注明相应的名称。

③ 绘制比例尺、风向玫瑰图或指北针，注写标题栏　为便于阅读，总平面图中宜采用线段比例尺，线段比例尺可绘制为不同形式。比例尺、风向玫瑰图和指北针如图2-39所示，标题栏根据本模块第一节所讲格式绘制。

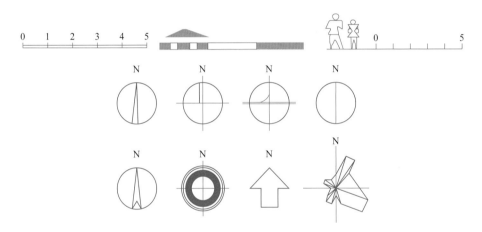

图2-39　比例尺、风向玫瑰图和指北针示意图

④ 书写设计说明　为了更清楚地表达设计意图，必要时总平面图上可书写说明性文字，如图例说明、公园的方位、朝向、占地范围、地形、地貌、周围环境及建筑物室内外绝对标高等。

有时为了增加说明性，扩大艺术感染力，往往在设计平面图的基础上，根据设计者的构思再绘制出立面图、剖面图和鸟瞰图，从而对总设计作进一步说明，如图2-40所示。

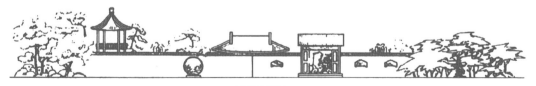

(a) 北立面图

图2-40

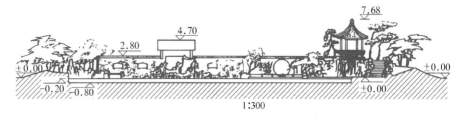

1:300

(b) A—A剖面图

(c) 鸟瞰图

图 2-40　某游园北立面图、剖面图和鸟瞰图（单位：米）

（3）园林设计平面图的阅读

① 看图名、比例尺、设计说明、风向玫瑰图或指北针　了解设计意图、工程性质、设计范围和朝向等。如图 2-41 所示，该小区位于 4 条交通干道之中，有 8 栋住宅楼，主入口位于西侧。

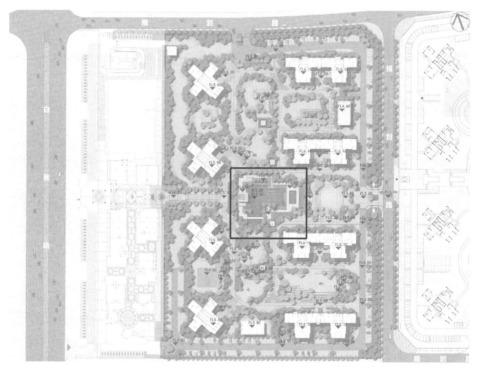

图 2-41　某小区竖向设计

② 看等高线和水位线　了解游园的地形和布局情况。由图 2-41 可见，该小区水池设在小区游园中部，地势较高，周边较低，形成内高外低的空间，也为跌水水景的塑造创造了地形条件。

③ 看图例和文字说明　了解总体布局情况，明确新建景物的平面位置。由图 2-37 可见，该小区中心景区设置在东西向的主轴上，主轴两端分别为主入口和次入口，主轴上布置有入口水景、树阵入口广场、入口特色台阶跌水、轴线林荫道、入口对景水景、艺术雕塑、景观亭、游泳池、景观廊架、阳光草地、跌水入口广场等。

2.3.2 园林设计分析图

（1）现状分析图

现状分析是园林设计首先需要做的工作，是设计工作的切入点，也是设计意向产生的基础。现状分析是否到位直接关系到设计方案的可行性、科学性和合理性。

① 现状分析图包括的内容　在现状分析图中通过各种符号表现基地现有的条件，通常从以下几个方面进行分析。

a. 自然因素包括地形、气候、土壤、水文、主导风向、噪声等。除此之外还要对基地的植被情况进行调查和记录，尤其一定要对一些需要保留下来的大树做好标记，以便在设计过程中加以考虑。

b. 人工因素包括以下几种。

人工设施：保留的建筑物、构筑物、道路、广场及地下管线等。

人文条件：历史地段位置分析、历史文化环境等。

服务对象分析：包括人们行为、心理的分析。

甲方要求：设计任务书内容。

用地情况：基地内各地段的使用情况。

视觉因素：周边的环境分为景观效果较好的和景观效果不好的，以及基地内的透景线、制高点等。

c. 指北针、图例表、比例尺等。

每项分析都应该得出分析结果，并用不同字体或颜色与现状表述加以区分。

② 现状分析图绘制的要求

a. 自然因素包括以下几种。

地形：可以利用地形图进行分析，具体方法参见相关项目所介绍的地形绘制方法。

植被：如果基地的植被较为复杂并且需要保留的树木较多，可以单独绘制一张种植现状图；如果较为简单，则可以与其他现状因素的分析相结合。在分析植被种植现状的时候一定要标注清楚树木的种类、规格、生长状况等，必要时可以结合表格加以记录。

气候、水文、风向等可以根据调查到的资料利用专用的图例标示。

b. 人工因素包括以下几种。

人工设施：基地中的建筑物、构筑物等，保留的用实线绘制，需要拆除的用虚线绘制，具体内容参见图线的使用部分。

视觉因素：通常利用圆点表示驻足点或者观赏点，用箭头表现观赏方向，并结合文字说明分析景观观赏效果。

其他人工因素：如人文景观、服务对象等都可以采用不同的填充图案或者图线表现。一张现状分析图往往是多个内容的综合分析，在图中一定要对符号进行说明，并在适当位置进行文字注释，还可以结合现场环境加以说明。

（2）分区平面图

对于复杂的园林工程，应采用将整个工程分成若干个区的方式，分区名称宜采用大写英文字母或罗马字母表示。在园林设计中分区的形式多种多样，通常按照使用功能进行分区，称为功能分区，如图2-42所示；也可以按照主要使用人群进行分区，如公园中的分区可以有老年活动区和儿童活动区等。

分区范围的表示有多种方法，在园林设计中常用的是"泡泡图"法，也就是每个分区的范围都用一个用粗实线绘制的形状（圆形、矩形或不规则的形状都可）表示。这些形状代表分区的位置，并不反映这一分区的真实大小。在形状内可以填充图案或者颜色，并标注分区的名称。另外，也可以用粗实线或者粗单点画线绘制分区的边界，同样也需要注明分区的名称。

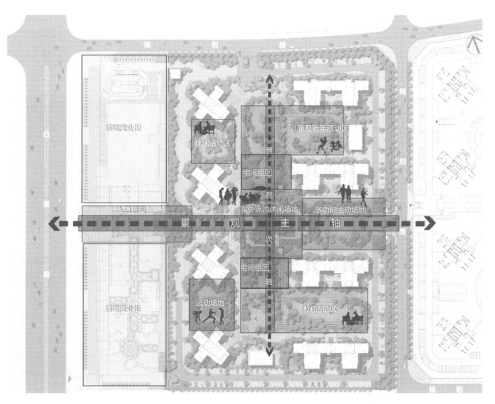

图2-42 分区平面图

（3）道路分析图

① 道路系统规划图　利用不同宽度和不同颜色的线条表示不同等级的道路，并要标注出主要的出入口和主要的道路节点，如果有广场，需要标注出广场的位置及其名称。除此之外，还应标注指北针、比例尺及必要的文字说明（图2-43）。

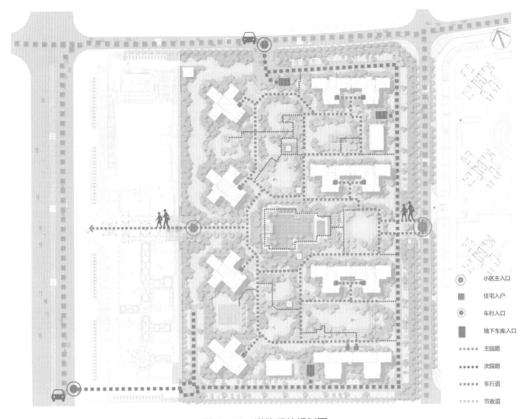

图 2-43 道路系统规划图

② 道路剖面图　表现道路铺装的横坡、纵坡、道路宽度及绿化带的布局形式等，如图 2-44 所示。

图 2-44 道路剖面图

③ 铺装平面图　铺装平面图中应包括以下内容：铺装材料的材质及颜色，道路边石的材料和颜色，铺装图案放样。对不再进行铺装详图设计的铺装部分，应标明铺装的分格、材料规格、铺装方式，并对材料进行编号（图 2-45）。

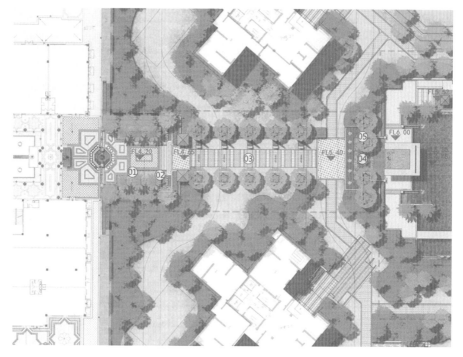

图 2-45　西入口分区平面图

（4）景观意向分析图

① 景观意向分析图包含的内容　园林设计意向、设计理念的分析；景区的划分；景观序列的组织、主要景观，以及主要景观的局部效果图、立面图等；图名、指北针、比例尺、图例表和必要的文字说明。

② 景观意向分析图绘制的要求　通过文字或者图例符号说明景观设计理念以及设计理念产生的源泉。利用文字标示各个景点的名称，并结合局部效果图构筑这一景观的立体效果，可以利用引线标示局部效果在平面图中的位置。景观意向分析图示例如图 2-46 所示。

图 2-46　景观意向分析图

2.3.3 园林竖向设计图

园林设计对地形的要求较高，很多时候都需要对地形进行改造，利用地形创造园林景观，同时还需要利用地形组织地表排水和种植植物。

（1）竖向设计图包括的内容

建筑物、构筑物的室内标高。场地内的道路（含主路及园林小路）、道牙标高，广场控制点标高，绿地标高，小品地面标高，水景内水面、池底标高；道路转折点、交叉点、起点、终点的标高；排水沟及雨水箅子的标高及主要的排水方向等。地形等高线及其标高；地形剖切断面图或者地形轮廓线图。用坡面箭头表示地面及绿地内排水方向，对于道路或者广场，应该标注出排水的坡度。图名、指北针、绘图比例尺。

（2）竖向设计图绘制的要求

在竖向设计图中，可采用绝对标高或相对标高表示。规划设计单位所提供的标高应与园林设计标高区分开，园林设计标高应依据规划设计标高制订，并与规划设计标高相闭合。可采用不同符号来表示绿地、道路、道牙、水底、水面、广场等标高。

2.3.4 园林植物种植设计图

（1）种植设计图包括的内容

利用图例标示植物种植的平面位置，注意一定要标注种植点位置。植物群落效果图：表现植物的规格、形态特征及植物搭配的总体观赏效果。植物群落剖面图：表现的是植物与地形、建筑、水体等其他构园要素之间的关系，呈现出植物与其他构园要素之间在立面上高低错落的配置效果。设计说明：植物配置的依据、方法、形式等。植物表：包括中文名称、拉丁学名、图例、规格（冠幅、胸径）、单位、数量、其他（如观赏特性等）。

（2）种植设计图绘制的要求

植物规格按照成龄树进行设计，并在设计说明中加以说明。植物图例按照乔木、灌木、草地、常绿和落叶加以区分，每个种类中的具体树种利用标号加以区分。一定要标注清楚植物的种植点位置。

除了上面提到的一系列图纸之外，还有园林建筑小品单体设计图，主要是针对园林小品的外形尺寸、材料等进行说明，一般要给出建筑单体的平面图、立面图和剖面图。有些项目还要提供电气规划图和管线规划图。此外，在方案设计阶段为了给人们一种直观的感受，还需要绘制总体鸟瞰图和局部效果图（图2-47）。

图 2-47

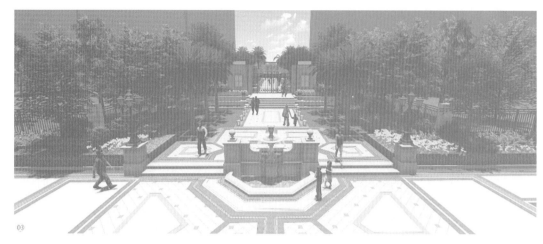

图2-47 总体鸟瞰图和局部效果图

综上可以看出，园林设计图纸的绘制已经不再停留在简单的绘图层面，这一过程与专业知识结合得更为紧密，要求绘图人员对园林设计有着更多了解，只有这样才可以准确、全面地表达设计者的设计思想。

模块 3
景观设计基础

3.1 景观设计的基本原理

3.1.1 景观设计概述

（1）相关概念

景观环境：指风景、山水、地形、地貌等土地及土地上的空间和物体所构成的综合体，它是复杂的自然过程和人类活动在大地上的烙印。景观并非传统意义上的园林，也不是局限于公共绿化的初级概念，而是一个综合、宽泛的概念。

景观设计学：景观设计学是关于景观的分析、规划布局、设计、改造、管理、保护和恢复的科学和艺术。其核心是协调人与自然的关系，是关于土地和户外空间设计的建立在广泛的自然科学和人文艺术学科基础上的应用学科。

（2）景观设计的范围

微观景观设计：地形、水体、植被及构筑物，以及公共艺术品等，主要运用于城市开放空间；广场、街道；建筑环境、庭院；城市公园等设计（图3-1、图3-2）。

图 3-1　城市开放空间

图 3-2　城市公园

中观景观设计：涉及历史、文化、生态、地方特色以及整体性风貌之类的大型景观规划设计实践。比如针对工业遗址的再开发利用；针对文化遗存、历史风貌的保护和开发；针对城市内的大规模景观改造和更新等（图3-3）。

图3-3　文化遗址再开发利用

宏观景观设计：景观实践建立在一定的经济、旅游业、生态等基础之上，包括进行大规模的生态保护和治理改造实践、景观资源开发、旅游策划规划设计等（图3-4）。比如对自然风景的经济开发和旅游利用；城市绿地体系的建立；供游憩使用的区域性绿地体系的建立。

图3-4　大型湿地规划设计

3.1.2　景观设计基本要素

景观设计的素材或内容包括地形地貌、植被、地面铺装、水体和景观小品。其中，地形地貌是设计的基础，其余是设计的要素。

（1）地形地貌

地形地貌是景观设计最基本的场地和基础。地形地貌总体上分为山地和平原，进一步可以划分为盆地、丘陵，局部可以分为凹地、凸地等。在景观设计时，要充分利用原有的地形地貌，考虑生态学的观点，打造符合当地生态环境的自然景观，减少对当地环境的干扰和破坏（图 3-5）。同时，可以减少土石方量的开挖，节约经济成本。因此，充分考虑应用地形特点，是安排布置好其他景观元素的基础。在具体的设计表现手法方面，可以采用 GIS（地理信息系统）新技术，如 VR 仿真技术手段进行三维地形的表现，以便真实地模拟实际地形，表达景观设计后的场景效果，更好地和客户进行交流沟通。

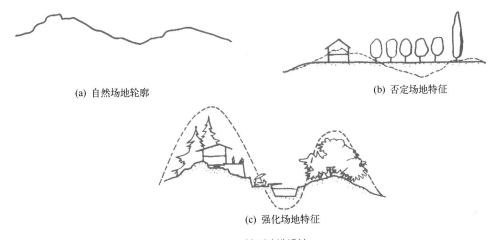

(a) 自然场地轮廓　　　　　　　　(b) 否定场地特征

(c) 强化场地特征

图 3-5　地形改造设计

（2）植被

植被是景观设计的重要素材之一。景观设计中的植被包括草坪、灌木，以及各种大、小乔木等。巧妙合理地运用植被，不仅可以成功营造出人们熟悉和喜欢的各种空间，还可以改善住户的局部气候环境，使住户和朋友、邻里在舒适愉悦的环境里完成交谈、驻足聊天、照看小孩等活动。植被的功能包括非视觉功能和视觉功能。非视觉功能是指植被改善气候、保护物种的功能；视觉功能则是指植被在审美上的功能，即是否能使人感到心旷神怡。利用视觉功能可以实现空间分割，达到景观装饰功能（图 3-6 ~ 图 3-8）。

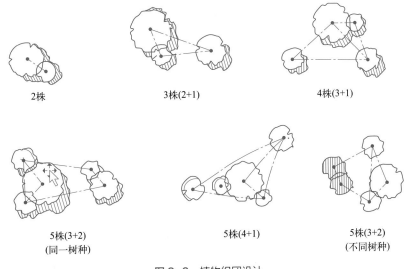

图 3-6　植物组团设计

图 3-7　植物空间设计　　　　　　　　　　　图 3-8　植物空间围合

（3）地面铺装

地面铺装设计和植被设计有一个共同的地方，即交通视线诱导（包括人流、车流）。这里植被设计被再次提起，是希望大家不要忘记，无论是运用何种素材进行景观设计，首要的目的是满足设计的使用功能。地面铺装设计和植被设计在手法上表现为构图，但其目的是方便使用者，提高环境的识别性。在明晰了设计的目标后，我们可以放心地探讨地面铺装的作用、类型和手法。

地面铺装的作用有以下三种：为了适应地面高频度的使用，避免雨天泥泞难走；给使用者提供适当范围的坚固的活动空间；通过布局、图案引导人行流线。

根据铺装的材质，地面铺装的类型可以分为：沥青路面，多用于城市道路、国道、小区主干道等；混凝土路面，多用于城市道路、国道；卵石嵌砌路面，多用于公园、广场、游园和别墅小径；砖砌铺装，用于城市广场道路、小区人行道、景区人行道等；石材铺装。

地面铺装的手法在满足使用功能的前提下，常常采用线型、流线型、拼图、色彩、材质搭配等手法为使用者提供活动的场所，或者引导行人通往某个既定的地点。多用于城市广场、沿江风光带、小区人行道和别墅小径等铺装，如图 3-9 所示。

图 3-9　地面铺装设计

（4）水体

一个城市会因山而有势，因水而显灵。喜水是人类的天性。水体设计是景观设计的重点和难点。水的形态多样，千变万化。景观设计大体将水体分为静态水和动态水，静有安详，动有灵性。水体设计注意事项有以下几点。

宁小勿大：小水体便于更好地养护，并且在水体发生污染的情况下，小水体更易于治理。

多曲少直：大自然中的河流、小溪，大都是蜿蜒曲折的，因为这样的水景更易于形成变幻的效果。

顺下逆上：此处的"下"与"上"是一种相对的关系，宜"下"不宜"上"指的是设计的水景尽可能与自然中的万有引力相符合。

优虚劣实：在水资源缺乏的地区，设计虚的水景也是一个很好的解决办法，如图3-10所示。

图 3-10 水体设计

（5）景观小品

景观小品主要指各种材质的公共艺术雕塑或者艺术化的公共设施，如垃圾箱、座椅、公用电话、指示牌、路标等（图3-11）。

图 3-11 景观小品设计

3.2 景观设计的基本方法

景观设计需要设计者对基地进行调查，熟悉设计现场环境、社会文化环境和视觉环境，然后对所有与设计有关的内容进行概括和分析，最后完成景观方案设计。这种先调查再分析，最后综合设计的过程可分为五个阶段，分别为任务书阶段、基地调查和分析阶段、方案设计阶段、详细设计阶段、施工图设计阶段。

3.2.1 任务书阶段

在任务书阶段，设计人员应充分了解甲方的具体要求、设计范围、设计标准、造价要求与时间期限等内容。

3.2.2 基地调查和分析阶段

掌握了任务书阶段的内容之后，应对现场进行考察、调研、拍照，运用各种方式收集与基地有关的资料，补充并完善不完整的内容，对整个基地及环境状况进行综合分析。

（1）自然环境分析

气候：了解该地的平均气温，年最高、最低气温的分布时间，以及季风风向、最大风力、风速、冰冻线深度、降水量等。

地形：对设计用地的高差、斜度进行估算，尽量减少土方量。

土壤：土壤的种类、性质、排水情况及地下水位等。

水系：河流与湖泊的流向、流速、最高水位、最低水位及常水位等。

（2）现状环境分析

地理位置分析：该地的具体地理位置、区域环境尺度特点、场地尺度特点等。

周边环境分析：设计地周围有无商场、学校和公园等，以及周边的交通设施情况，如道路分布、公共交通分布等（图3-12）。

植物分析：现场植物种类，如有无古树名木、保护树种等。

图3-12 周边环境分析

（3）历史文脉分析

场所精神分析：尊重并延续场所精神，重视历史文化资源的开发与利用，认识和理解场地特征在历史发展变化过程中的重要意义，保持和延续场所精神。尤其是在城市更新和遗址类景观设计中，要注意保护场地中的历史文化资源。在进行此类景观设计时，更要细心观察分析场地中遗存的所有实物，不能让任何有价值的资源从手边溜走。

历史文化分析：该地的历史人物、历史事件、生活与文化习俗及风俗特点等。

最后，在得到大量关于场地的图像、数据、文字等基础调研资料之后，需要依据项目主题进行资料整合，并将得到的最终数据通过图像化的过程进一步提炼和整理，以此提出主要设计问题，并具体结合场地的限制条件与发展潜力，再进行中期以至后期的设计。

3.2.3 方案设计阶段

在分析现场资料的基础上，提出设计主题与设计思路，合理规划与分区设计，保证功能合理，尽量利用基地条件，使诸项内容各得其所，然后再分区块进行各局部景区或景点的方案设计（图3-13、图3-14）。

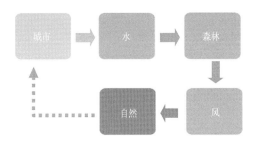

图3-13 设计思路

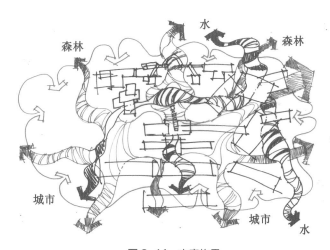

图3-14 方案构思

方案设计阶段本身又根据方案发展的情况分为方案的构思、方案的选择与确定以及方案的完成三部分。方案必须有创造性，各个方案应各有特点和新意而不能雷同。由于解决问题的途径往往不止一条，不同的方案在处理某些问题上也各有独到之处，因此应尽可能在权衡诸方案构思的前提下定出最终的合理方案。该方案可以以某个方案为主，兼收其他方案之长，也可以将几个方案在处理问题时不同的优点综合起来（图3-15）。

图3-15　方案总平面图

3.2.4　详细设计阶段

方案设计完成后应协同委托方共同商议，然后根据商讨结果对方案进行修改和调整。一旦初步方案定下来，就要全面地对整个方案进行各方面详细的设计，包括确定准确的形状、尺寸、色彩和材料，完成各局部详细的平立剖面图、详图、透视图、表现整体设计的鸟瞰图等（图3-16）。

图3-16　方案详细设计

3.2.5　施工图设计阶段

施工图设计阶段是将设计与施工连接起来的环节，根据所设计的方案结合工种的要求，分别绘制出能具体、准确地指导施工的各种图纸。这些图纸应能清楚、准确地表现出各项设计内容尺寸、位置、形状、材料、种类、数量、色彩、构造和结构，完成施工平面图、地形设计图、种植平面图、构筑物施工图等（图3-17）。

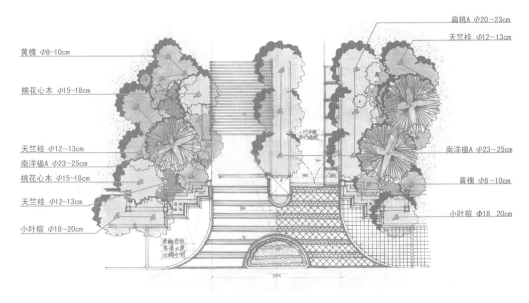

图3-17　施工图设计

3.3　景观设计的程序和步骤

3.3.1　任务书阶段

设计场地为40米×50米，要做成可供人观赏和休憩的小花园。要求设计合理运用地形、水体、植物、景观小品等景观设计要素，布局合理，交通清晰流畅，构思新颖，能充分反映时代特点，具有独创性、经济性和可行性。注意乔、灌、草的合理配置。设计需满足以人为本的基本理念，符合人体工程学要求。图面表达清晰美观并符合园林制图规范，设计应符合国家现行相关法律法规。

3.3.2　基地调查和分析阶段

对整个基地及环境状况进行实地踏勘。若现有场地没有地形变化，周边环境也较平坦，设计时在场地周边堆地形，在场地中间挖水池，在土方平衡的基础上营造不同的空间层次感。

3.3.3　方案设计阶段

在分析现状的基础上，充分利用人的五官感受，给人们营造能够疗愈心灵、放松身体的环境。如图3-18所示对应五感设置不同的景点，效果如图3-19所示。

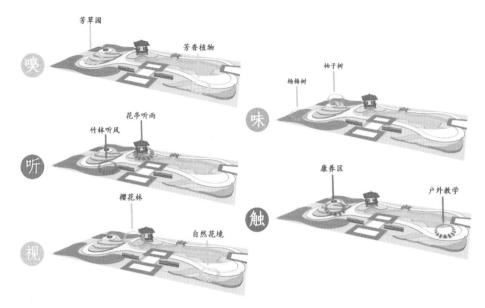

图 3-18 方案设计分析

图 3-19 总平面图

3.3.4 详细设计阶段

根据初步方案,完成各局部详细的平立剖面图、详图、透视图等(图 3-20~图 3-23)。

图 3-20 设计效果图

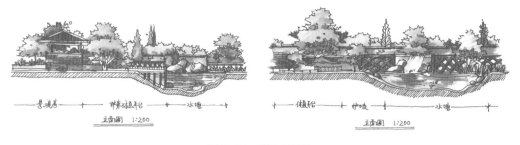

图 3-21　设计立面图

图 3-22　植被设计效果图　　　　　图 3-23　小品设计效果图

3.3.5　施工图设计阶段

根据设计方案绘制能指导施工的施工平面图和做法详图等，在图纸上标明位置、尺寸和材料等（图 3-24、图 3-25）。

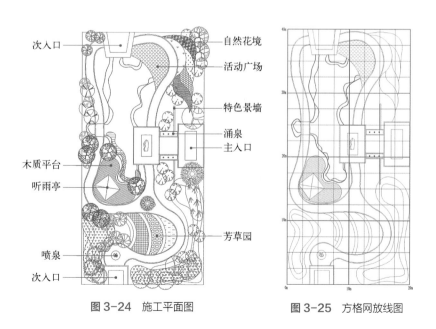

图 3-24　施工平面图　　　　　图 3-25　方格网放线图

3.4 园林植物造景设计的程序

3.4.1 设计准备阶段

这一阶段包括收集与所选环境植物景观规划相关的资料。这个阶段所收集的资料的深度和广度将直接影响到下一步的分析与决定,因此必须注意收集那些与所规划的场地有密切联系的相关资料。

(1) 确定规划目标

客户在园林开发初期设想的时候,脑海中就已经有了明确的目标。例如,他们可能想要建造一个正式的花园来为一座雕塑提供安置的环境,或为员工的休息、放松提供便利的场所。他们也有可能想要重建一个地区使其恢复自然面貌,或是开垦一块由于开矿而被毁的地段。不管出于什么目的,设计者都必须对此了然于心并且将之列入规划目标。

(2) 评估场地资源及现有条件

① 实地勘察的内容

a. 区域内的光照条件。要仔细观察项目区域各个部分的日照情况,一般分六个程度进行详细的记录:全日照、半日照、全遮阴、微暗、较暗、极暗。要明确场地包含了哪几种光照情况,最好在阳光充足的一整天内,明确阳光所经过的范围、照射方向、照射长度及建筑阴影覆盖区,确定各区域真正的日照模式,为以后确定植物类型及不宜种植区域提供依据。

b. 区域内的土壤条件。要对区域内的土壤进行一定的测定,搞清土壤类型是黏土还是砂壤土,是贫瘠还是肥沃,pH 值是酸性还是碱性,以及表土层的结构、含水量等。

c. 区域内的水文条件。调查区域内现有的水文条件,将是否有天然水源存在、人工水源的类型、分布密度、所在地点、管线的铺设都调查清楚,并逐一加以记录。

d. 区域内现有植物。应对区域内现有植物的种类、树龄、种植位置、生长状况作详细调查。

e. 区域内的交通及建筑情况。应对区域内各级道路的类型及分布,以及人流、车流的情况及流动方向有总体的把握和记录。对已有的建筑区域及规划中的建筑位置、高度、方向都要十分明确。

② 区域内相关原始资料 除了现场可以调查的几项外,还要收集一些必须掌握的原始资料,包括所处地区大环境的气候资料(如气温、光照、风向、降水量)、水文资料(湖泊、河流、水渠分布状况)、地质土壤资料(地形标高、走向、地下水位等)、场地内环境资料(如交通、人居情况、人口密度等)、现存植物的相关资料(种类、生物学及生态学特性)等。

③ 综合分析评估 在完成现场勘察和资料汇集后,要结合项目要求进行细致的分析评估。

a. 功能需要评估。这是针对在项目区域中植物所起到的或预期起到的功能及作用进行分析。除了种植设计中基本的审美考虑之外,景观植物设计应能使周围环境更舒适,功能性更强。所以要分析项目区域内的各种功能要求,如种植植物是用来护坡、水土保持,还是组织交通、设置屏障等。恰当的种植设计不仅能发挥植物功能上的作用,还有利于环境的改善并营造出适宜的小气候条件。

b. 对项目区域环境影响的评估。在项目区域内，要考察新引入的植物种类对项目区域生物多样性的冲击、对区域内供水灌溉的要求，以及由于自然植被的破坏对环境造成的影响。在进行种植设计时，这些考察应是首先要做的。为了减缓新的植物配置对区域的冲击，要求设计师具有保护现存植被的技术能力和有关乡土植物的知识，还要具有景观生态学的相关知识。

c. 植物生长因素的分析。分析现有的各种条件与植物生长的关系。在进行植物规划时，调查相关的环境因素以便确定特定地点所需的植物类型。这些因素包括区域气候、小气候、现有水源、土壤情况、降雨量等。植物生长不良往往是该处的植物种类选择不当或种植技术不当造成的。

d. 引入植物种类的危机评估。如果决定要从当地植物种群以外引入外来种，就要仔细分析，因为引入外来种有时会造成意想不到的困扰。一些物种被引入景观设计中时常常繁殖很快，并侵入周围的林地，无法得到控制，这就是入侵种。入侵种往往是具有杂草特性的外来种，它与当地植物的生长产生竞争，并能迅速扩张、占领土地，形成极其稠密的种群，从而干扰了当地植物种群的自然演化。所以，如果要在景观设计中配置新的植物，必须进行相关引入种对当地植物生态环境影响的评估，才能避免出现引入种失去控制、造成危害的后果。

e. 对水资源要求的评估。园林景观设计中应尽量避免配置那些需要大量灌溉才能维护的植物，应多采用维护容易及灌溉量低的植物种植，从而节约用水，降低维护成本。另外，由于植物对水分的要求不一样，所以在进行整体种植设计时，应分析各种候选植物对水分的需求量，根据植物对水分的需求量进行组合，将水分需求相近的植物安排在同一生态环境中。最好利用那些能够很好适应当地土壤和降雨情况的乡土植物。

f. 项目区域内现存植物的评估及保护。植物配置时，应从建设费用和景观需求两方面去考虑现存植物的保留规划。项目区域内现存植物一般都是能够适应区域立地条件的物种，原则上应尽量加以利用，这不仅有美学及经济成本两方面的意义，而且在大的生态格局中也起着积极的作用。即使需要进行全新的植物配置，也应从再利用和环保角度出发，对现存树木进行移植再利用。

（3）确定开发的限制条件

确定了规划目标并进行场地资源的综合评估后，设计师就可以确定该场地的开发局限性并提供满足工程目标的不同选择，向客户讲解这些限制条件并提供开发策略。

提出以下三项建议：这片园林必须能满足客户的所有要求；一部分规划目标可以由客户的计划或场地特点中较小的调整来达成；如果不对计划和场地特点进行较大耗资的修改就达不到规划目标，那么在这个阶段，设计师和客户应决定是继续推进该工程还是放弃。

3.4.2 设计构思阶段

进行项目场地现场踏勘及资料分析后，应及时整理归纳各类信息，以避免遗忘一些重要细节。

设计构思多半是由项目的现状激发所产生的。要注意这种最初的构思、感觉以及反应，因为会有许多潜在的因素影响设计构思。设计师在现场应注意光照、已有景致的影响，以及其他感官上的影响。明确植物材料在空间组织、造景、改善场地条件等方面应起的作用，做出种植方案构思图。构思的过程就是一个创造的过程，每一步都是在完成上一步的基础上进行的，应随时用图形和文字记录设计想法，并使之具体化。

在这一阶段，要提出一套可以达到工程目标的初步设计思想，并根据这套思想来安排基本的规划要素。随着客户的进一步投入，设计师可以就栽培计划作出必要而具体的决定。

（1）确定对植物材料的功能需求

以工程目标为基础，确定规划环境的形状，必须考虑栽培材料（墙、顶棚、地板、天棚、栏杆、障碍物、矮墙和地面覆盖物）的基本建筑方式。

（2）确立初步的概念

根据种植规划设计的要素，如色彩、形式、结构等，来确定整个空间内的景物设计。这些景物（或受这些要素支持，或受宏观环境控制）所形成的小环境应该反映设计师的设计理念。

（3）选择合适的植物

这时应该根据规划要求来选择适用的栽培材料。如有特殊需要，如要对引人入胜的景致加一个视框，应使被选择的植物满足这一特殊需要。

（4）得出初步的栽培计划

在这份初步计划中，设计师应总结出调查结论及设计思想，与客户一起检阅这份计划，作出必要的修改，获得意见与建议。

3.4.3 设计创作阶段

设计的第三步是要将各种细节具体化，可以列出一个详细的植物清单，写出有利或不利的各个方面，并通过图纸的表达将构思变为现实。

种植设计是园林整体景观设计中的细部设计之一，当初步方案决定之后，便可在总体方案的基础上与其他工程的细部设计同时展开施工。种植设计的具体步骤如下。

（1）研究初步方案

根据场地总体的规划设计进行种植设计图的调整，图中应精确地显示场地边界和所有的地形特征，如墙、栅栏、灯柱、车道、人行道、铺装区及现存的需保留的植被，然后确定种植设计的最终方案。

首先在坐标纸上画出项目区域的总体规划图，标出建筑、设施、车道和小路。将描图纸铺在设计图上，标出现有景观，如现有的良好景观、要保留的树木植被、已有的绿篱等。在第二张描图纸上画出想种植的植物类型，如花坛、花境、树木、绿篱等。继续在描图纸上进行修改，直至满意。

（2）选择植物

在种植设计底图的基础上，可着手进行植物清单的编制和配置。图面应有注解、图示，并尝试列出所需的植物种类，也要考虑各种植物的生长特点、生态学特性和栽植养护的力度。

选择植物时的总体原则是：应以所在地区的乡土植物种类为主；应考虑已被证明能适应本地生长条件，长势良好的外来或引进的植物种类；要考虑植物材料的来源是否方便，规格和价格是否合适，养护管理是否容易等因素。

（3）配置具体植物

在此阶段应该用植物材料使种植方案中的构思具体化，这包括详细的种植配置平面布局、植物的种类和数量、种植间距等。详细设计中对植物的确定应从植物的形状、色彩、质感、季相变化、生长速度、生长习性、配置在一起的效果等方面去考虑，以满足种植方案中的各种要求。

（4）绘制种植设计图

种植设计图是种植施工的依据，其中应包括植物的平面位置或范围、详尽的尺寸、植物的种类和数量、苗木的规格、详细的种植方法、种植坛的详图、管理和栽后保质期限等图纸与文字内容。

3.4.4 园林植物配置的要点总结

根据相关法规和行业规则的规定确认场地的绿化面积、植树量、树种、配置等。

设计时，应根据规划地区的环境条件确定植物种类。栽植规划要根据场地的气象条件、风向影响、日照情况（亦即来自规划建筑、相邻建筑、围墙、现状树木的遮挡影响）、地下水位高度、高层风、土壤条件、大气污染等现状，选择适合当地条件的、具有相应生活习性的植物种类。在必要时应适当进行土壤改良、填土以及配备排水设施。

栽植规划要考虑树木对周围环境和居民的影响。具有遮蔽作用的栽植规划，应将中木与落叶小乔木配合种植，以确保有一定的日照，同时考虑选择不易生虫的树种。

应确保有一定的客土厚度和栽植空间。栽植需要一个最基本的土壤空间，即树木泥球所需的树池深度与直径，同时，还需要一个略大于树木正常生长所需的空间。另外，在确保树池规模的同时，规划设计要兼顾建筑、围墙等构筑物的地基和市政管线的位置、规模、埋置深度等。

依据总体概预算、工程费用及管理水平进行栽植规划设计。应预先使建设方清楚，栽植应根据植物在整个建设概算中的比重以及在园林工程预算中的比重而规划，依据工程费用和管理水平进行设计。

预先确定能否获得所规划的栽植树木，其数量、种类和来源是否有保证。应尽可能在栽植施工前一年就确定树源，成熟的园林公司应该有自己的苗圃基地或有业务往来的苗木商供应。

3.5 植物组团造景设计图解及实景

3.5.1 植物组团造景设计图解

植物组团即指多种不同高度、形态和颜色的园林植物，经过合理搭配并聚集在一起，组成园林植物群落景观。植物景观浑然一体、协调统一、富有变化，并具有凝聚视线、引人注目、升华主景的作用。植物节点景观是植物组团中的一个单元，植物以组团形成景观，植物组团由不同层次结构形成景观。

园林植物群落按立面层次来分，大致有大乔木、中乔木、小乔木、大灌木、中灌木、小灌木、地被植物、草坪八个层次。植物组团大致可分为三大层植物群落：上木层（大乔木、中等乔木、小乔木、大灌木），中木层（大灌木、中等灌木球、小灌木球和景石小品），下木层（中层小灌木、前景小灌木、收边小灌木、地被植物和草坪），也称为"三重植物"景观群落。

组成植物组团景观经常采用三重至五重植物的多重植物景观结构，以"五重植物"的植物组团景观从低至高来说，第一层的地被供人近距离欣赏，丰富地平线；第二层的小灌木（灌木球）丰富色彩，呈现造型，起到色带、收边和围合作用；第三层的1～3米高的灌木点缀装饰，丰富季相景观；第四层的3～6米高的小乔木、高大灌木增添层次，构成景观骨架；第五层的高6～10米、胸径20厘米的大乔木（二乔）勾勒景观天际线（图3-26、图3-27）。

图3-26 "五重植物"植物组团景观图解

1. 地被：草坪、麦冬、鸢尾、美女樱、五叶地锦、时令花卉等；
2. 小灌木（灌木球）：满天星、小叶栀子花、春鹃、金叶女贞、南天竹、茶花球、红檵木球、金叶女贞球、红叶石楠球、海桐球等；
3. 大灌木：丛生四季桂、罗汉松、紫叶李、红枫、紫薇、大黄杨等；
4. 小乔木、高大灌木：桂花、天竺桂、红叶石楠、乐昌含笑、栾树、樱花、元宝枫等；
5. 大乔木（二乔）：香樟、广玉兰、朴树、银杏、皂荚、国槐、黄连木等。

图3-27 密集型植物生态群落景观图解

1. 草坪层；2. 花卉小灌木；3. 收边色带地被；4. 长叶型灌木；5. 球类常绿灌木；6. 开花变叶灌木；7. 高秆常绿灌木；8. 亚乔木层；9. 塔型常绿乔木；10. 冠型阔叶乔木。

3.5.2 植物组团造景实景

图 3-28、图 3-29 为植物组团造景实景。

图 3-28 植物组团造景实景（一）

图 3-29 植物组团造景实景（二）

模块 4
园林植物的识别与应用

4.1 园林植物的形态和分类

植物有六大器官：根、茎、叶、花、果实、种子。其中，根、茎、叶为营养器官，花、果实、种子为繁殖器官。

根是种子植物和大多数蕨类植物特有的营养器官，一般在土壤中向下生长，具有吸收、输导、贮藏、固着与支持及合成等功能，少数植物的根也有繁殖的作用。

茎是高等植物长期适应陆地生活的过程中所形成地上部分器官，是联系根和叶，输送水、无机盐和有机养料的轴状结构，是由胚芽发育而成的。

叶是植物的营养器官，主要进行光合作用和蒸腾作用。一片完整的叶由叶片、叶柄和托叶三部分组成。

花是被子植物特有的器官，是变态的叶。一朵完整的花由花柄、花托、花萼、花冠、雄蕊群、雌蕊群六部分构成，主要用来传播花粉。

果实是种子植物特有的器官，由花经过传粉、受精后，雌蕊的子房或子房以外与其相连的某些部分迅速生长发育而成。子房壁发育为果皮，分为外果皮、中果皮、内果皮三层。

种子是裸子植物和被子植物特有的繁殖器官，由胚珠经过传粉、受精形成。种子的大小、形状、颜色等形状因种类不同而异。

不同的植物种类因各器官的形态、颜色、香气等特征的不同，而具有不同的观赏特征与价值。观赏特征变化最多的是叶、花和果实的形态、颜色与香气。

4.1.1 叶的形态

叶的类型分为单叶和复叶。单叶的叶形主要有针形、条形、披针形、卵形、心形、椭圆形、圆形、肾形、三角形、戟形、菱形、匙形、镰状等（图4-1）。复叶的类型主要有羽状复叶、掌状复叶、三出复叶、单身复叶。

叶片在枝条上的排列顺序称为叶序，叶序的类型主要有对生、互生、轮生、簇生、基生。

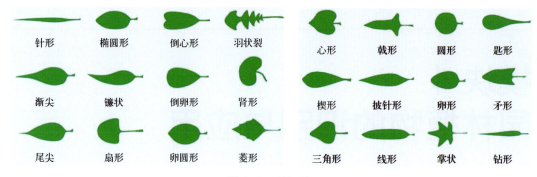

图 4-1　叶的形态

4.1.2　花的形态

花的形态通常指的是花冠的形态，有十字形、漏斗形、钟形、坛形、高脚杯形、筒形、唇形、舌形等（图 4-2）。

花序指花在总花柄上有规律的排列方式。花序的总花柄或主轴称花轴，也称花序轴。花柄及花轴基部生有苞片，有的花序的苞片密集在一起，组成总苞。花序的形态分为无限花序与有限化序两大类（图 4-3）。

图 4-2　花冠的形态　　　　图 4-3　花序的形态

（1）无限花序

指在开花期内，可随花序轴的生长，不断离心地产生花芽，或重复地产生侧枝，每一侧枝顶上分化出花。主要有以下几种。

总状花序：花轴上各花的花柄近于等长，如紫藤。

伞房花序：花轴不分枝、较长，其上着生的小花花柄不等长，下部的花花柄长，上部的花花柄短，最终各花基本排列在一个平面上，开花顺序由外向内。

穗状花序：花轴上着生许多无柄的两性花，如车前。

柔荑花序：花轴上着生许多无柄的单性花，通常开花后整个花序脱落，如柳树。

伞形花序：花轴缩短，大多数花着生在花轴顶端，每朵小花的花柄基本等长，如葱。

隐头花序：花序的分枝肥大并愈合形成肉质的花座，其上着生有花，花座从四周把与花相对的面包围起来，如无花果。

圆锥花序：花轴分枝，每一分枝相当一总状花序或穗状花序，整个花序近于圆锥形，如水稻。

头状花序：花轴呈盘状或头状，上面密生许多无柄或近无柄的花，如菊花。

（2）有限花序

为花序主轴顶端先开一花，因此主轴的生长受到限制，而由侧轴继续生长，但侧轴上也是顶花先开放，故其开花的顺序为由上而下或由内向外。主要有以下几种。

单歧聚伞花序：花轴顶生一花，在顶花下面只产生一个侧轴，长度超过主轴。顶端也生一花，依此方式继续分枝就形成了单歧聚伞花序。

二歧聚伞花序：主轴上端节上具二侧轴，所分出的侧轴又继续同时向两侧分出二侧轴的花序，如大叶黄杨。

多歧聚伞花序：顶芽成花后，其下有三个以上的侧芽发育成侧枝和花朵，再依次发育成花序，如泽漆。

轮伞花序：聚伞花序着生在对生叶的叶腋或植株顶端，花轴及花梗极短，呈轮状排列，如益母草。

4.1.3 果实的类型

聚合果：由一花内的若干离生心皮形成的一个整体，如草莓。

聚花果：由一整个花序形成的一个整体，如桑葚。

单果：由一花中的一个子房或一个心皮形成的单个果实，最常见。单果又分为干果（干燥而少汁）和肉果（肉质而多汁）。

干果主要有开裂和不开裂两种。

开裂：蓇葖果（离生心皮的单个心皮形成的，成熟时沿背缝线或沿腹缝线一侧开裂，可以含一个种子或多数种子，如八角）、荚果（单心皮的上位子房形成的，成熟时沿背腹两缝开裂，如豆科植物）、蒴果（由两个以上合生心皮的上位或下位子房形成）、长角果、短角果。

不开裂：瘦果、颖果、胞果、翅果（瘦果状而有翅的干果，由合生心皮的上位子房形成，如鸡爪槭）、坚果（一种硬而具一颗种子的干果，由合生心皮的下位子房形成，这种果实常有总苞包围，变形的总苞叫壳斗）、小坚果。

肉果主要有：浆果、柑果、瓠果、梨果（具有软骨质内果皮的肉质果，由合生心皮的下位子房参与花托形成，内有数室，每室含种子若干个，如苹果）、核果（具有一个或数个硬核的肉质果，由单心皮或合生心皮形成，外果皮薄，中果皮肉质或纤维质，内果皮坚硬而有一室含一个种子，或数室含数个种子，称为核，如桃）。

果实的类型如图4-4所示。

图4-4 果实的类型

4.2 乔木植物

（1）银杏（*Ginkgo biloba*） 银杏科

形态特征：落叶乔木，叶扇形，秋叶鲜黄色，雌雄异株。

生态习性：喜光，耐寒，耐旱，适应性强，对大气污染有一定的抗性，生长较慢，寿命长。

园林应用：庭荫树、行道树、园景树。

（2）金钱松（*Pseudolarix amabilis*） 松科

形态特征：落叶大乔木，高达40米，树干通直，树皮粗糙，灰褐色，裂成不规则的鳞片状块片。枝平展，树冠宽塔形。叶条形，柔软，在短枝上簇生，平展成圆盘状，秋后叶呈金黄色。

生态习性：生长较快，喜光，初期稍耐阴，喜温暖湿润气候，宜土层深厚、肥沃、排水良好的酸性土壤。

园林应用：树姿优美，叶似铜钱，深秋叶色金黄，极具观赏性，可孤植、丛植、列植或用作风景林。

（3）黑松（*Pinus thunbergii*） 松科

形态特征：常绿大乔木，高达30米。树皮灰黑色，粗厚，裂成块片脱落。枝条开展，树冠宽圆锥状或伞形。针叶两针一束，深绿色，有光泽，粗硬。

生态习性：喜光，耐干旱瘠薄，不耐水涝，不耐寒。宜在土层深厚、土质疏松，且含有腐殖质的砂质土壤中生长。抗病虫能力强，生长慢，寿命长。

园林应用：枝干横展，树冠如伞盖，树姿古雅，可用于道路绿化、小区绿化、工厂绿化、广场绿化。黑松是著名的海岸绿化树种，可用作防风、防潮、防沙林带及海滨浴场附近的风景林、行道树或庭荫树，经造型亦可作桩景、盆景。

（4）水杉（*Metasequoia glyptostroboides*） 杉科

形态特征：落叶大乔木，小枝对生。叶扁线形，柔软，淡绿色，羽状排列，对生。

生态习性：喜光，喜温暖气候，喜湿润、肥沃、排水良好的土壤，不择土壤。

园林应用：行道树、庭院树、列植。

（5）南方红豆杉（*Taxus wallichiana* var. *mairei*） 红豆杉科

形态特征：常绿乔木，条形，叶厚革质，镰刀状弯曲，雌雄异株，假种皮红色。

生态习性：喜阴，喜温暖湿润气候及酸性土壤，生长缓慢。

园林应用：庭院树。

（6）罗汉松（*Podocarpus macrophyllus*） 罗汉松科

形态特征：常绿乔木，叶革质，条状披针形，中脉显著隆起。雌雄异株，种子卵圆形，成熟后肉质假种皮紫黑色带白粉，种托肉质圆柱形，红色或紫红色。花期为4～5月，种子8～9月成熟。

生态习性：半阴性，喜温暖湿润气候，不耐寒，喜排水良好的砂壤土，对二氧化硫等污染气体抗性强，抗病虫害能力强。

园林应用：庭院树、桩景树，孤植，对植，丛植。

（7）苏铁（*Cycas revoluta*） 苏铁科

形态特征：常绿小乔木，一回羽状复叶，小叶条形，厚革质。雌雄异株，种子红褐色。

生态习性：喜光，稍耐半阴，喜暖热湿润环境，不耐寒，生长慢，喜铁元素。

园林应用：树形古雅，宜作庭院树、盆栽。

（8）玉兰（*Yulania denudata*） 木兰科

形态特征：落叶乔木，叶纸质，先端突尖，具托叶痕。花大，白色，先叶开放。

生态习性：喜光，较耐寒，喜干燥，忌低湿，喜肥沃、排水良好而带微酸性的砂质土壤，在弱碱性的土壤上亦可生长。花期为2～3月，持续10天左右。对二氧化硫和氯气具有一定抗性和吸硫能力。

园林应用：行道树、庭院树，孤植，散植。

（9）荷花玉兰（*Magnolia grandiflora*） 木兰科

形态特征：常绿乔木，在原产地高达30米。叶厚革质，椭圆形。花白色，有芳香，花期为5～6月。

生态习性：喜光而幼年耐阴，弱阳性树种，喜温暖湿润气候，抗污染，不耐碱土。

园林应用：花大，白色，状如荷花，芳香，为美丽的庭院绿化观赏树种。

（10）乐昌含笑（*Michelia chapensis*） 木兰科

形态特征：常绿乔木，树形优美，叶薄革质，倒卵形。花淡黄色，单生叶腋，花期为3～4月。

生态习性：喜光，喜湿润环境，适应性强，喜深厚肥沃、排水良好的疏松土壤。

园林应用：群植、列植。

（11）鹅掌楸（*Liriodendron chinense*） 木兰科

形态特征：落叶大乔木，叶马褂状，秋季金黄色。花杯状，绿色，具黄色纵条纹，花期为5月，果期为9～10月。

生态习性：寿命长，生长快。喜光，喜温湿、凉爽气候，适应性较强，能耐−20℃的低温，也能忍耐轻度的干旱和高温。喜肥，喜湿，在土层深厚、肥沃、湿润、排水良好的微酸性土壤中生长迅速。

园林应用：树干挺直，树冠伞形，叶形奇特，是优良的行道树、庭院树、遮阴树。

（12）日本晚樱（*Cerasus serrulata* var. *lannesiana*） 蔷薇科

形态特征：落叶乔木，树皮呈银灰色，有唇形皮孔。叶缘有渐尖重锯齿，叶柄有一对腺体。花重瓣，粉红色或近白色，有香气，花期为4月中下旬。

生态习性：浅根性树种，喜光，喜深厚肥沃而排水良好的土壤。

园林应用：庭院树，群植、列植。

（13）垂丝海棠（*Malus halliana*） 蔷薇科

形态特征：小乔木，叶椭圆形。花在蕾时为深粉红色，开放后淡粉红至近白色，花期为4～5月。

生态习性：喜光，喜温暖湿润气候，宜肥沃、深厚、疏松、排水良好且略带黏质的土壤，耐寒，耐旱，忌水湿。

园林应用：庭院树、孤植、片植。

（14）紫叶李（*Prunus cerasifera* 'Atropurpurea'） 蔷薇科

形态特征：灌木或小乔木，高可达8米。叶紫红色，花小，花期为4月，果期为8月。

生态习性：喜阳光，在荫蔽条件下叶色不鲜艳。喜较温暖湿润的气候，不耐寒，较耐湿，可在黏质土壤生长。

园林应用：以叶色闻名，在整个生长期满树红叶，尤其春、秋两季叶色更艳。

（15）红叶石楠（*Photinia* × *fraseri*） 蔷薇科

形态特征：常绿小乔木，株型紧凑，叶革质，倒卵状披针形，新叶红色，花期为4～5月。

生态习性：喜光，耐阴，喜温暖湿润气候，不择土壤，耐瘠薄。

园林应用：绿篱、庭院树。

（16）樟树（*Cinnamomum camphora*） 樟科

形态特征：常绿乔木，叶卵形，离基三出脉，脉腋间有隆起的腺体；浆果球形。

生态习性：喜光，喜温暖湿润气候，适宜中性偏酸性土壤，深根性。

园林应用：行道树、遮阴树。

（17）红楠（*Machilus thunbergii*） 樟科

形态特征：常绿乔木，树干基部常膨大。叶阔，肾状，扇形，掌状深裂至中部，裂片顶部2深裂，小裂片丝状下垂。叶柄长1～2米，下部两侧有短刺。花果期为4月。

生态习性：阳性树种，较耐阴，喜高温多湿环境，耐寒能力差，宜排水良好的腐殖质壤土或砂壤土。

园林应用：行道树、庭院树。

（18）垂柳（*Salix babylonica*） 杨柳科

形态特征：落叶大乔木，枝条细长下垂，叶互生，条状披针形，芽线形，花期为3～4月。

生态习性：喜温暖湿润气候，喜光，不择土壤，耐寒，耐水湿，萌芽力强，生长迅速，对有毒气体有一定的抗性。

园林应用：行道树、庭院树。

（19）桂花（*Osmanthus fragrans*） 木樨科

形态特征：常绿灌木或小乔木，叶革质，椭圆形。花黄、橙、白色，小且密，极芳香，花期为 9～10 月。

生态习性：喜温暖湿润气候，耐高温，较耐寒。对土壤要求不严，喜深厚、疏松、肥沃、排水良好的微酸性砂壤土。桂花对氯气、二氧化硫、氟化氢等有害气体都有一定的抗性，还有较强的吸滞粉尘的能力。

园林应用：行道树、庭院树、绿篱。

（20）杨梅（*Myrica rubra*） **杨梅科**

形态特征：落叶乔木，叶革质，密集于小枝上端，披针形，全缘。雌雄异株，果深红、紫红、白等，果期为 6 月。

生态习性：喜温暖湿润气候，稍耐阴，不耐寒，喜酸性土壤。

园林应用：庭院树。

（21）石榴（*Punica granatum*） **石榴科**

形态特征：落叶灌木或小乔木，单叶对生或簇生。花顶生，红色，近钟形，花期为 5～7 月。浆果球形，红色。

生态习性：喜光，喜温暖气候，耐寒，喜肥沃、湿润、排水良好的土壤。

园林应用：庭院树。

（22）复羽叶栾树（*Koelreuteria bipinnata*） **无患子科**

形态特征：落叶大乔木，树冠伞形，二回羽状复叶，小叶 9～17 片，互生，斜卵形。大型圆锥花序顶生，花黄色，蒴果具三棱，秋季变红色，艳丽，花期为 7～9 月，果期为 8～10 月。

生态习性：喜光，耐半阴，不择土壤，耐寒，耐瘠薄、盐碱。

园林应用：树形端正，果实紫红色似灯笼，宜作庭院树、行道树。

（23）秃瓣杜英（*Elaeocarpus glabripetalus*） **杜英科**

形态特征：常绿乔木，高 5～15 米。嫩枝及顶芽初时被微毛，不久变秃净，干后黑褐色。树冠为卵圆形，花期为 6～7 月。

生态习性：亚热带暖地树种，较速生。喜温暖阴湿环境，宜排水良好、湿润、肥沃土壤。

园林应用：秋冬至早春部分树叶转为绯红色，红绿相间，鲜艳悦目，多作为行道树、丛植树、园景树栽种。

（24）合欢（*Albizia julibrissin*） **豆科**

形态特征：落叶乔木，树冠开展呈伞形，二回羽状复叶。头状花序于枝顶排成圆锥花序，雄蕊粉红色，荚果带状，花期为 6 月。

生态习性：喜温暖湿润、阳光充足的环境，宜排水良好的肥沃土壤，耐干旱、瘠薄，耐轻度盐碱，对二氧化硫、氯化氢等有毒有害气体抗性较强。

园林应用：行道树、庭院树。

（25）榔榆（*Ulmus parvifolia*） **榆科**

形态特征：落叶乔木，树皮薄鳞片状，剥落后仍光滑。叶小而厚，卵状椭圆形至倒卵形，单锯齿，基部歪斜。

生态习性：喜光，喜温暖湿润气候，耐干旱、瘠薄，萌芽力强，生长较慢，寿命长，对二氧化硫等有毒气体及烟尘抗性较强。

园林应用：庭院树、盆景。

（26）榉树（*Zelkova serrata*） 榆科

形态特征：落叶大乔木，树皮灰白色或褐灰色，呈不规则的片状剥落。叶卵形，先端尾状渐尖，基部稍偏斜，叶缘具圆齿状锯齿，叶柄粗短，花期为4月。

生态习性：在湿润肥沃的土壤中长势良好，应选择平原、滩地、沟坡、四旁等土层深厚、疏松、肥沃、排水良好的立地环境；切忌排水不良，易积水、淹水的立地环境。

园林应用：树姿端庄，高大雄伟，秋叶变成褐红色，是观赏秋叶的优良树种。可孤植、丛植于公园和广场的草坪、建筑旁作庭荫树；与常绿树种混植作风景林；列植人行道、公路旁作行道树，降噪防尘。

（27）紫薇（*Lagerstroemia indica*） 千屈菜科

形态特征：落叶灌木或小乔木，高达7米。树皮平滑，枝干多扭曲，小枝具4棱，呈翅状。叶近对生，纸质，椭圆形，近无柄。圆锥花序顶生，花色艳丽，花众多，花期为6～9月，果期为9～12月。

生态习性：喜暖湿气候，喜光，略耐阴，喜肥，尤喜深厚肥沃的砂壤土，耐干旱，忌涝，性喜温暖，能抗寒，萌蘖性强。具有较强的抗污染能力，对二氧化硫、氟化氢及氯气的抗性较强。

园林应用：花色鲜艳美丽，花期长，寿命长，广泛用于公园绿化、庭院绿化、道路绿化、街区绿化，宜作为庭院观赏树，亦作盆景。

（28）三角枫（*Acer buergerianum*） 槭树科

形态特征：常绿乔木，叶圆形，深裂，裂片线状剑形，叶柄长，两侧具细圆齿，花期为4月。

生态习性：喜温暖湿润气候，喜光，较耐阴，耐寒，不择土壤。

园林应用：行道树、庭院树。

（29）二球悬铃木（*Platanus acerifolia*） 悬铃木科

形态特征：落叶大乔木，高30余米，树皮光滑，大片块状脱落；嫩枝密生灰黄色绒毛；老枝秃净，红褐色。叶阔卵形，基部截形或微心形，上部掌状5裂，有时7裂或3裂。头状果序1～2个，稀为3个，常下垂，具刺状宿存花萼。

生态习性：喜光，不耐阴，抗旱性强，较耐湿，喜温暖湿润气候，阳性速生树种，抗性强，对土壤要求不严格。

园林应用：树冠广展，叶大荫浓，夏季降温效果极为显著。适应性强，又耐修剪整形，是优良的行道树种。

（30）枫香树（*Liquidambar formosana*） 金缕梅科

形态特征：落叶大乔木，高达30米。单叶互生，薄革质，阔卵形，掌状3裂，秋季叶变红色。头状果序圆球形，木质，蒴果有宿存花柱及针刺状萼齿。

生态习性：喜温暖湿润气候，性喜光，幼树稍耐阴，耐干旱、瘠薄土壤，不耐水涝。深根性，主根粗长，抗风力强，不耐移植及修剪。

园林应用：枫香树在中国可在园林中栽作庭荫树，可于草地孤植、丛植，或于山坡、池畔与其他树木混植。秋季红叶片片，观赏效果极佳。

(31)其他乔木

其他乔木植物如表4-1所示。部分乔木植物如图4-5所示。

表4-1 其他乔木植物

序号	植物名	拉丁名	科名
1	落羽杉	*Taxodium distichum*	杉科
2	圆柏	*Juniperus chinensis*	柏科
3	龙柏	*Juniperus chinensis* 'Kaizuca'	柏科
4	福建柏	*Fokienia hodginsii*	柏科
5	二乔玉兰	*Yulania* × *soulangeana*	木兰科
6	深山含笑	*Michelia maudiae*	木兰科
7	醉香含笑	*Michelia macclurei*	木兰科
8	厚朴	*Houpoea officinalis*	木兰科
9	无患子	*Sapindus saponaria*	无患子科
10	红枫	*Acer palmatum* 'Atropurpureum'	槭树科
11	闽楠	*Phoebe bournei*	樟科
12	川桂	*Cinnamomum wilsonii*	樟科
13	梅	*Prunus mume*	蔷薇科
14	西府海棠	*Malus* × *micromalus*	蔷薇科
15	贴梗海棠	*Chaenomeles speciosa*	蔷薇科
16	枇杷	*Eriobotrya japonica*	蔷薇科
17	石楠	*Photinia serratifolia*	蔷薇科
18	贵州石楠	*Photinia bodinieri*	蔷薇科
19	碧桃	*Amygdalus persica* 'Duplex'	蔷薇科
20	重阳木	*Bischofia polycarpa*	大戟科
21	乌桕	*Triadica sebifera*	大戟科
22	梓树	*Catalpa ovata*	紫葳科
23	朴树	*Celtis sinensis*	榆科
24	木荷	*Schima superba*	山茶科
25	厚皮香	*Ternstroemia gymnanthera*	山茶科
26	白花泡桐	*Paulownia fortunei*	泡桐科
27	枫杨	*Pterocarya stenoptera* C.DC.	胡桃科
28	七叶树	*Aesculus chinensis*	七叶树科
29	梧桐	*Firmiana simplex*	梧桐科
30	桑	*Morus alba*	桑科

续表

序号	植物名	拉丁名	科名
31	无花果	*Ficus carica*	桑科
32	槐	*Styphnolobium japonicum*	豆科
33	龙爪槐	*Styphnolobium japonicum* 'Pendula'	豆科
34	金枝槐	*Sophora japonica* 'Winter Gold'	豆科
35	刺槐	*Robinia pseudoacacia*	豆科
36	金丝柳	*Salix alba* 'Tristis'	杨柳科
37	喜树	*Camptotheca acuminata*	蓝果树科
38	蓝果树	*Nyssa sinensis*	蓝果树科
39	珙桐	*Davidia involucrata*	蓝果树科
40	柚	*Citrus maxima*	芸香科
41	秤锤树	*Sinojackia xylocarpa*	安息香科
42	山柿	*Diospyros japonica*	柿科
43	尖叶四照花	*Cornus elliptica*	山茱萸科
44	灯台树	*Cornus controversa*	山茱萸科

(a) 金钱松　　　　　　　　　　(b) 黑松

(c) 喜树　　　　　　　　　　　(d) 合欢

(e) 垂丝海棠　　(f) 尖叶四照花

(g) 厚朴　　(h) 鹅掌楸

图 4-5　乔木植物

4.3　灌木植物

（1）红花檵木（*Loropetalum chinense* var. *rubrum*）　金缕梅科

形态特征：常绿灌木，叶紫红色，革质，带星状毛，卵形基部偏斜，花紫红色，花期为 4～5 月。

生态习性：喜光，稍耐阴，耐旱，喜温暖湿润气候，宜肥沃湿润的微酸性土壤，萌芽力强，生长快。

园林应用：绿篱、造型树。

（2）含笑（*Michelia figo*）　木兰科

形态特征：常绿灌木，叶椭圆状倒卵形，革质。花肉质，淡乳黄色，边缘带紫晕，具浓烈香蕉香气，花期为 4～6 月。

生态习性：喜温暖湿润气候，喜半阴环境，不耐寒，喜肥沃的微酸性土壤。

园林应用：孤植、对植，造型树。

（3）山茶（*Camellia japonica*）　山茶科

形态特征：常绿灌木或小乔木，叶互生，革质，椭圆形，叶深绿色，有光泽。花瓣先端有凹或缺口，品种繁多，花大多数为红色或淡红色，亦有白色，多为重瓣，花期为 1～4 月。

生态习性：喜半阴，忌烈日，喜空气湿度大，忌干燥，喜肥沃、疏松的微酸性土壤。

园林应用：散植、丛植、群植、花篱、花境、盆栽。

（4）紫荆（*Cercis chinensis*） 豆科

形态特征：落叶灌木，叶圆心形。花红紫色，先花后叶，簇生于老枝和主干上，花期为3～4月。

生态习性：喜光，喜肥沃、排水良好的土壤，不耐水湿。萌蘖性强，耐修剪。

园林应用：花色艳丽，量大，宜丛植。

（5）蜡梅（*Chimonanthus praecox*） 蜡梅科

形态特征：落叶灌木，先花后叶，叶对生，叶背脉有疏微毛（糙手）。花芳香，黄色，带蜡质，花期为11月至翌年3月。

生态习性：喜光，耐阴，耐寒，耐旱，不宜在低洼地栽培。喜深厚、肥沃、疏松、排水良好的微酸性砂壤土。耐修剪，易整形。

园林应用：孤植、丛植。

（6）木槿（*Hibiscus syriacus*） 锦葵科

形态特征：落叶灌木，叶菱形3裂或不裂。花单生于枝端叶腋间，花钟形，淡紫色，花期为7～10月。

生态习性：喜阳，耐半阴，喜温暖湿润气候，较耐寒，对土壤要求不严，耐修剪。

园林应用：花篱。

（7）洒金桃叶珊瑚（*Aucuba chinensis*） 山茱萸科

形态特征：常绿灌木，叶对生，革质，有光泽，叶面有黄色斑点。雌雄异株，圆锥花序，花紫色。核果浆果状，鲜红色。

生态习性：适应性强，喜温暖阴湿环境，不耐寒，耐修剪，病虫害极少，对烟害的抗性很强。

园林应用：叶色亮丽，是良好的绿篱植物。

（8）月季（*Rosa chinensis*） 蔷薇科

形态特征：常绿或半常绿灌木，茎上有倒钩皮刺或无刺。奇数羽状复叶，具小叶3～5片。花单生或簇生枝顶，重瓣，花色甚多，有香气，花期为4～10月。

生态习性：喜日照充足、空气流通、排水性较好且避风的环境，盛夏需适当遮阴，对土壤要求不严。

园林应用：花坛、花境、盆景、切花。

（9）杜鹃（*Rhododendron simsii*） 杜鹃花科

形态特征：半常绿灌木，伞形花序顶生，有花1～5朵，花冠钟状或阔漏斗状，通常5裂，品种众多，花色多变，花期为4～5月。

生态习性：喜酸性土壤，以及凉爽、湿润、通风的半阴环境。

园林应用：花境、盆栽、花篱。

（10）金边六月雪（*Serissa japonica* 'Variegata'） 茜草科

形态特征：常绿或半常绿小灌木，叶椭圆形，革质，叶边黄色或淡黄色。花小，白色或带淡紫色，漏斗状，花期为6～7月。

生态习性：喜温暖、阴湿环境，不耐严寒，萌芽力强，耐修剪。

园林应用：绿篱、盆景。

（11）金叶女贞（*Ligustrum × vicaryi*）　木樨科

形态特征：落叶或半常绿灌木，叶卵状椭圆形，嫩叶黄色，后渐变为黄绿色。花白色，芳香，总状花序，核果紫黑色。

生态习性：喜光，稍耐阴，较耐寒，耐修剪，对二氧化硫和氯气抗性较强。

园林应用：春季新叶金黄色，萌芽力强，耐修剪，常作绿篱、造型树。

（12）茶梅（*Camellia sasanqua*）　山茶科

形态特征：常绿灌木，单叶互生，革质，椭圆形，叶缘有细锯齿。花红色，花期为11月至翌年2月。

生态习性：喜阴湿温暖环境，宜疏松、肥沃、排水良好的微酸性土壤。

园林应用：花篱。

（13）南天竹（*Nandina domestica*）　小檗科

形态特征：常绿灌木，三至四回羽状复叶互生，小叶椭圆状披针形，冬季叶子变红色。花小，白色，圆锥花序顶生。浆果球形，鲜红色。

生态习性：喜光，耐阴，喜温暖湿润气候，喜肥沃、湿润而排水良好的砂质土。

园林应用：丛植、盆景。

（14）夹竹桃（*Nerium oleander*）　夹竹桃科

形态特征：常绿大灌木，叶3～4枚轮生，聚伞花序顶生，花冠深红色或粉红色，花冠漏斗状，有香气，花期几乎全年。

生态习性：喜温暖湿润的气候，耐寒力不强，喜光，耐阴，好肥，需排水良好的土壤。

园林应用：夹竹桃有抗烟雾、抗灰尘、抗毒物、净化空气、保护环境的能力。

（15）海桐（*Pittosporum tobira*）　海桐花科

形态特征：常绿灌木或小乔木，高可达6米，叶革质，倒卵形或倒卵状披针形，聚生于枝顶，全缘，干后反卷。伞形花序或伞房状伞形花序顶生或近顶生，密被黄褐色柔毛，花白色，有芳香，后变黄色，花期为3～5月。果熟期为9～10月，蒴果圆球形。

生态习性：对气候适应性较强，耐寒，耐暑热。对土壤的适应性强，在黏土、砂土及轻盐碱土中均能正常生长，对二氧化硫等有毒气体抗性强。

园林应用：萌芽力强，耐修剪，常用于灌木球、绿篱及造型树。

（16）木芙蓉（*Hibiscus mutabilis*）　锦葵科

形态特征：落叶灌木或小乔木，小枝、叶柄、花梗和花萼均密被细绵毛。叶宽卵形至圆卵形或心形，5～7裂，花单生于枝端叶腋间，花粉色、白色，花期为9～11月。

生态习性：木芙蓉喜光，稍耐阴，喜温暖湿润气候，不耐寒，喜肥沃、湿润而排水良好的砂壤土。生长较快，萌蘖性强。

园林应用：木芙蓉花大色艳，花期较长，秋季花团锦簇，形色兼备，可孤植、丛植，或作花篱。

（17）棣棠花（*Kerria japonica*）　蔷薇科

形态特征：落叶灌木，高1～2米，小枝绿色，常拱垂，单叶互生，三角状卵圆形，具重锯齿。花黄色，着生于当年生侧枝枝顶，花期为4～6月，果期为6～8月。

生态习性：喜温暖湿润和半阴环境，耐寒性较差，对土壤要求不严，宜肥沃、疏松的砂壤土。

园林应用：枝叶翠绿细柔，金花满树，别具风姿，宜作花篱、花径，群植、片植效果佳。

（18）鹅掌藤（*Schefflera arboricola*）　五加科

形态特征：常绿灌木，高2～3米，掌状复叶互生，小叶7～9片，革质，倒卵状长圆形或长圆形，全缘。圆锥花序顶生，花小，白色，果实卵形，有5棱，花期为7月，果期为8月。

生态习性：喜温暖高湿润气候，耐阴，耐寒，不耐干旱。日照充足时叶色亮绿，日照不足时叶色浓绿。对水分的适应性强，对土壤要求不严。

园林应用：叶形奇特，生命力强，广泛用于绿篱、盆栽。

（19）八角金盘（*Fatsia japonica*）　五加科

形态特征：常绿灌木或小乔木，高可达5米。叶柄长10～30厘米，叶片大，革质，近圆形，直径12～30厘米，掌状7～9深裂，裂片长椭圆状卵形。圆锥花序顶生，花黄白色，花期为10～11月，果熟期为翌年4月。

生态习性：喜温暖湿润气候，耐阴，不耐干旱，有一定耐寒力，宜种植在排水良好和湿润的砂壤土中。

园林应用：八角金盘四季常青，叶片硕大，叶形优美，浓绿光亮，是深受欢迎的室内观叶植物。

（20）中华蚊母树（*Distylium chinense*）　金缕梅科

形态特征：常绿灌木，高约1米。叶革质，矩圆形，近先端有2～3个锯齿，基部阔楔形。雄花常与两性花同株，排成腋生穗状花序，无花瓣，蒴果卵圆形，有褐色星状柔毛，宿存花柱长1～2毫米。

生态习性：喜阳，耐阴，喜温暖湿润气候，对土壤要求不严，不耐严寒（耐-5℃），适宜肥沃、排水良好的砂壤土。

园林应用：中华蚊母树是常见的城市及工厂绿化树种。适合路旁、庭前、草坪内外以及大乔木下种植，作为落叶花木的背景树，也可作为基础种植及绿篱、造型树材料。

（21）其他灌木

其他灌木植物如表4-2所示。部分灌木植物如图4-6所示。

表4-2　其他灌木植物

序号	植物名	拉丁名	科名
1	水栀子	*Gardenia jasminoides* 'Radicans'	茜草科
2	白蟾	*Gardenia jasminoides* var. *fortuneana*	茜草科
3	小叶女贞	*Ligustrum quihoui*	木樨科
4	金森女贞	*Ligustrum japonicum* 'Howardii'	木樨科
5	迎春花	*Jasminum nudiflorum*	木樨科
6	穗花牡荆	*Vitex agnus-castus*	马鞭草科
7	龟甲冬青	*Ilex crenata* 'Convexa' Makino	冬青科

续表

序号	植物名	拉丁名	科名
8	珊瑚树	*Viburnum odoratissimum*	忍冬科
9	大花糯米条	*Abelia* × *grandiflora*	忍冬科
10	红王子锦带花	*Weigela* 'Red Prince'	忍冬科
11	蝴蝶戏珠花	*Viburnum plicatum* f. *tomentosum*	忍冬科
12	金边黄杨	*Euonymus japonicus* 'Aureo-marginatus'	卫矛科
13	火棘	*Pyracantha fortuneana*	蔷薇科
14	朱槿	*Hibiscus rosa-sinensis*	锦葵科
15	结香	*Edgeworthia chrysantha*	瑞香科
16	金边瑞香	*Daphne odora* 'Aureomarginata'	瑞香科
17	绣球	*Hydrangea macrophylla*	绣球花科
18	凤尾丝兰	*Yucca gloriosa*	天门冬科
19	双荚决明	*Senna bicapsularis*	豆科
20	马缨丹	*Lantana camara*	马鞭草科
21	美丽赪桐	*Clerodendrum speciosissimum*	唇形科
22	赤楠	*Syzygium buxifolium*	桃金娘科
23	华南蒲桃	*Syzygium austrosinense*	桃金娘科
24	菲油果	*Acca sellowiana*	桃金娘科
25	花叶胡颓子	*Elaeagnus pungens* var. *Variegata*	胡颓子科
26	十大功劳	*Mahonia fortunei*	小檗科
27	阔叶十大功劳	*Mahonia bealei*	小檗科
28	醉鱼草	*Buddleja lindleyana*	玄参科
29	光叶子花	*Bougainvillea glabra*	紫茉莉科
30	紫花含笑	*Michelia crassipes*	木兰科

(a) 醉鱼草

(b) 月季

图 4-6

(c) 金边六月雪　　(d) 杜鹃
(e) 金森女贞　　(f) 火棘
(g) 凤尾丝兰　　(h) 紫花含笑

图 4-6　灌木植物

4.4　地被植物

（1）沿阶草（*Ophiopogon bodinieri*）　天门冬科

形态特征：多年生常绿草本，叶基生成丛，长条形，总状花序白色或稍带紫色。

生态习性：耐强光，也能忍受荫蔽环境，耐寒，喜阴湿环境。

园林应用：地被、盆栽。

（2）金边阔叶山麦冬（*Liriope muscari* 'Gold Banded'） 天门冬科

形态特征：绿草本，根状茎粗短，无地下走茎，根细长，具膨大呈椭圆形或纺锤形的小块根。叶基生，无柄，叶片宽线形，两侧具金黄色边条，脉间有明显凹凸。花紫色或紫红色，花期为7～8月，果熟期为9～10月。

生态习性：喜半阴，忌阳光直射，在湿润、肥沃、排水良好的砂质上上生长良好。

园林应用：具有独特的叶形和美丽的叶色。叶宽线形，流畅而飘逸，叶片边缘为金黄色；花色淡紫高雅，远观如兰。耐寒、耐旱，适应性强，可生长在林缘、草坪、水景、假山旁等，是拓展绿化空间、美化景观的优选地被植物。

（3）吉祥草（*Reineckea carnea*） 天门冬科

形态特征：多年生常绿草本花卉，株高约20厘米，地下根茎匍匐，节处生根，叶丛生，带状披针形。花淡紫色，浆果鲜红色，花果期为7～11月。

生态习性：喜温暖湿润的环境，较耐寒、耐阴，对土壤的要求不高，适应性强，以排水良好、肥沃的壤土为宜。

园林应用：吉祥草植株造型优美，叶色翠绿，是优良的地被植物。

（4）郁金香（*Tulipa gesneriana*） 百合科

形态特征：多年生草本花卉，叶3～5枚，条状披针形至卵状披针形。花单朵顶生，大而艳丽，品种众多，分早花种和晚花种，花期为3～5月。

生态习性：长日照花卉，性喜阳、避风，喜冬季温暖湿润、夏季凉爽干燥的气候。耐寒性很强，宜腐殖质丰富、疏松、肥沃、排水良好的微酸性砂壤土。

园林应用：世界著名的球根花卉，广泛用于营造花海、花境，亦可作盆栽。在欧美被视为胜利和美好的象征，为荷兰等国的国花。

（5）玉簪（*Hosta plantaginea*） 天门冬科

形态特征：多年生宿根草本，叶基生，成簇，卵状心形、卵形或卵圆形。花葶高40～80厘米，具几朵至十几朵花；花单生或2～3朵簇生，长10～13厘米，白色，芳香。蒴果圆柱状，有三棱，花果期为8～10月。

生态习性：耐寒冷，喜阴湿环境，不耐强烈日光照射，喜肥沃、湿润的砂壤土。

园林应用：可用于树下、林缘、石头旁、水边种植，作地被植物，也可作盆栽观赏。

（6）葱兰（*Zephyranthes candid*） 石蒜科

形态特征：多年生草本，叶狭线形，亮绿色。花茎中空，花白色，花期为9月。

生态习性：喜阳光充足、温暖湿润的环境，耐半阴，较耐寒，喜肥沃、带黏性而排水良好的土壤。

园林应用：花坛、花境、盆栽。

（7）韭莲（*Zephyranthes carinata*） 石蒜科

形态特征：多年生球根花卉，株高15～30厘米，鳞茎卵球形，直径2～3厘米。基生叶常数枚簇生，线形，扁平。花单生于花茎顶端，花玫瑰红色或粉红色，花药丁字形着生，蒴果近球形，种子黑色，花期为夏秋。

生态习性：生性强健，耐旱抗高温，喜光，耐半阴。喜温暖环境，也较耐寒。喜土层深厚、地势平坦、排水良好的壤土或砂壤土。抗病虫能力强，球茎萌发力也强，易繁殖。

园林应用：作为花坛、花径或者草地的镶边材料，具有良好的绿化效果，也可作盆栽观赏。

（8）红花酢浆草（*Oxalis corymbosa*） 酢浆草科

形态特征：多年生草本，地下有球状鳞茎，叶基生，小叶3片，扁圆状倒心形，花紫红色，漏斗状。

生态习性：喜向阳、温暖、湿润的环境，抗旱能力较强，不耐寒。

园林应用：盆栽、地被、花坛。

（9）羽衣甘蓝（*Brassica oleracea* var. *acephala*） 十字花科

形态特征：二年生观叶草本花卉，株高一般为20～40厘米。基生叶片紧密互生呈莲座状，外叶较宽大，内部叶叶色极为丰富，叶片的观赏期为12月至翌年3、4月。

生态习性：喜冷凉、温和气候，耐寒性较强，较耐阴，需水量较大。对土壤适应性较强，以腐殖质丰富、肥沃的壤土或黏壤土最宜。

园林应用：具有独特的叶色、姿态，适应性强，养护简便，是城市绿化的理想补充观叶植物。

（10）矮牵牛（*Petunia* × *hybrida*） 茄科

形态特征：一年生草本，叶全缘，互生。花单生于叶腋，漏斗状，白色或紫堇色，有各式条纹。

生态习性：喜阳，喜温暖湿润气候，不耐寒，怕雨涝，宜疏松肥沃、排水良好的砂壤土。

园林应用：花坛、花境。

（11）彩叶草（*Plectranthus scutellarioides*） 唇形科

形态特征：多年生直立草本，茎通常紫色，四棱形，被微柔毛，具分枝。叶膜质，其大小、形状及色泽变异很大，通常卵圆形。轮伞花序，花冠浅紫至紫或蓝色。

生态习性：喜温植物，适应性强，喜阳光充足，喜富含腐殖质、疏松、肥沃、排水透气性能良好的砂质土。

园林应用：彩叶草的色彩鲜艳，品种甚多，繁殖容易，为广泛应用的观叶植物，可作小型观叶花卉陈设，还可作为图案花坛或花篮、花束的配叶使用。

（12）三色堇（*Viola tricolor*） 堇菜科

形态特征：二年或多年生草本植物，基生叶叶片长卵形或披针形，具长柄，茎生叶叶片卵形，先端圆或钝，边缘具稀疏的圆齿或钝锯齿。花大，通常每花有紫、白、黄三色，蒴果椭圆形。

生态习性：较耐寒，喜凉爽，喜阳光，忌高温和积水，耐寒抗霜，喜肥沃、排水良好、富含有机质的中性壤土或黏壤土。

园林应用：可作毛毡花坛、花丛花坛、镶边栽培，布置花境、草坪边缘，也可作盆栽。

（13）鸡冠花（*Celosia cristata*） 苋科

形态特征：一年生观花草本，高30～80厘米。全株无毛，粗壮。单叶互生，夏秋季开花，花多为红色，呈鸡冠状。

生态习性：喜阳光充足、湿热，不耐霜冻，不耐瘠薄，喜疏松肥沃和排水良好的土壤。

园林应用：花色艳丽，叶色丰富，常作为夏秋季花坛用花。

（14）鸢尾（*Iris tectorum*） 鸢尾科

形态特征：多年生草本，叶基生，宽剑形。花蓝紫色，花冠喇叭形，中脉上有不规则鸡冠状附属物，花期为4～5月。

生态习性：喜光，耐半阴，喜凉爽气候，耐寒性强，喜排水良好、肥沃湿润的土壤。

园林应用：花境、盆栽。

（15）美女樱（*Glandularia × hybrida*） 马鞭草科

形态特征：多年生观花草本，全株有细绒毛，植株丛生而铺覆地面，株高10～50厘米，茎四棱；叶对生，深绿色。穗状花序顶生，密集呈伞房状，花小而密集，有白色、粉色、红色、复色等，具芳香。

生态习性：喜阳光，不耐阴，较耐寒，不耐旱，对土壤要求不严，但在疏松肥沃、较湿润的中性土壤中能节节生根，生长健壮，开花繁茂。

园林应用：为良好的地被材料，可用于城市道路绿化带、坡地、花坛等。

（16）千日红（*Gomphrena globosa*） 苋科

形态特征：一年生直立草本，高20～60厘米，茎粗壮，有分枝，枝略呈四棱形，叶片纸质，长椭圆形或矩圆状倒卵形。花多数，密生，球形或矩圆形头状花序顶生，常紫红色，有时为淡紫色或白色，花果期为6～9月。

生态习性：千日红对环境要求不严，性喜阳光，生性强健，早生，耐干热，耐旱，不耐寒，怕积水，喜疏松肥沃土壤。

园林应用：千日红花期长，花色鲜艳，为优良的园林观赏花卉，是花坛、花境的常用材料。

（17）虞美人（*Papaver rhoeas*） 罂粟科

形态特征：一年生观花草本，全体被伸展的刚毛。茎直立，高25～90厘米，叶互生，叶片轮廓披针形或狭卵形。花单生于茎和分枝顶端，花瓣4片，紫红色，基部通常具深紫色斑点。花果期为3～8月。

生态习性：喜阳光，耐寒，怕暑热，适宜排水良好、肥沃的砂壤土。

园林应用：花色艳丽，宜用于花坛、花境栽植，也可作盆栽。

（18）万寿菊（*Tagetes erecta*） 菊科

形态特征：一年生观花草本，高50～150厘米。茎直立，粗壮，具纵细条棱，分枝向上平展。叶羽状分裂，头状花序单生，舌状花黄色或暗橙色，管状花花冠黄色，花期为7～9月。

生态习性：万寿菊为喜光植物，对土壤要求不严，以肥沃、排水良好的砂壤土为好。

园林应用：万寿菊花大，花期长，常用来点缀花坛、广场，布置花丛、花境和培植花篱。

（19）百日草（*Zinnia elegans*） 菊科

形态特征：一年生观花草本，茎直立，高30～100厘米，被糙毛或长硬毛。叶宽卵圆形或长圆状椭圆形，基部稍心形抱茎，两面粗糙，基生三出脉。头状花序单生枝端，舌状花深红色、玫瑰色、紫堇色或白色，管状花黄色或橙色。花期为6～9月，果期为7～10月。

生态习性：喜温暖，不耐寒，喜阳光，怕酷暑，性强健，耐干旱，耐瘠薄。

园林应用：花大色艳，开花早，花期长，株型美观，可按高矮分别用于花坛、花境、花带，也常用于盆栽。

（20）金鸡菊（*Coreopsis basalis*） 菊科

形态特征：一年生或二年生观花草本，高30～60厘米，多分枝。叶具柄，叶片羽状分裂，头状花序单生枝端，舌状花8枚，黄色，基部紫褐色，先端具齿或裂片，花期为7～9月。

生态习性：耐寒，耐旱，喜光，耐半阴，适应性强，对二氧化硫有较强的抗性，对土壤要求不严，宜排水良好的砂壤土。

园林应用：花大色艳，花期长久，是优良的花境植物。

（21）其他地被植物

其他地被植物如表4-3所示。部分地被植物如图4-7所示。

表4-3 其他地被植物

序号	植物名	拉丁名	科名
1	蓝花草	*Ruellia simplex* C.Wright	爵床科
2	风信子	*Hyacinthus orientalis*	天门冬科
3	吊兰	*Chlorophytum comosum*	天门冬科
4	朱顶红	*Hippeastrum rutilum*	石蒜科
5	蓝猪耳	*Torenia fournieri*	母草科
6	箱根草	*Hakonechloa macra*	禾本科
7	凤仙花	*Impatiens balsamina*	凤仙花科
8	地肤	*Bassia scoparia*	苋科
9	波斯菊	*Cosmos bipinnatus*	菊科
10	瓜叶菊	*Pericallis hybrida*	菊科
11	勋章菊	*Gazania rigens*	菊科
12	松果菊	*Echinacea purpurea*	菊科
13	雏菊	*Bellis perennis*	菊科
14	孔雀草	*Tagetes patula*	菊科
15	吊竹梅	*Tradescantia zebrina*	鸭跖草科
16	大花马齿苋	*Portulaca grandiflora*	马齿苋科
17	白车轴草	*Trifolium repens*	豆科
18	长春花	*Catharanthus roseus*	夹竹桃科
19	筋骨草	*Ajuga ciliata*	唇形科
20	花菱草	*Eschscholzia californica*	罂粟科
21	紫娇花	*Tulbaghia violacea*	石蒜科
22	四季秋海棠	*Begonia cucullata*	秋海棠科
23	蓝花鼠尾草	*Salvia farinacea*	唇形科
24	一串红	*Salvia splendens*	唇形科
25	蝴蝶花	*Iris japonica*	鸢尾科

续表

序号	植物名	拉丁名	科名
26	角堇	*Viola cornuta*	堇菜科
27	诸葛菜	*Orychophragmus violaceus*	十字花科
28	肾形草	*Heuchera micrantha*	虎耳草科
29	石竹	*Dianthus chinensis*	石竹科

(a) 勋章菊

(b) 石竹

(c) 蓝花鼠尾草

(d) 美女樱

(e) 紫娇花

(f) 鸢尾

图 4-7

(g) 角堇

(h) 矾根

图 4-7　地被植物

4.5　竹类植物

（1）观音竹（*Bambusa multiplex* var. *riviereorum*）　禾本科

形态特征：高可达 7 米，尾梢近直或略弯，下部挺直，绿色；壁稍薄；叶片线形。

生态习性：耐寒性较强，喜光而耐半阴。生长快，耐修剪，宜于在酸性或微酸性的砂壤土中生长。

园林应用：观音竹秆叶细密，姿态优雅，常用作绿篱和盆景。

（2）佛肚竹（*Bambusa ventricosa*）　禾本科

形态特征：丛生型竹类植物，幼秆深绿色，稍被白粉色，老时转橄榄黄色。秆二型，正常圆筒形，畸形秆节间短缩而其基部肿胀，呈瓶状。

生态习性：耐水湿，喜光，喜湿暖湿润气候，抗寒力较低，喜肥沃湿润的酸性土，要求疏松和排水良好的酸性腐殖土及砂壤土。

园林应用：秆形奇特，古朴典雅，适于庭院、公园、水滨等处种植，与假山、崖石等配置，也可作盆景观赏。

（3）紫竹（*Phyllostachys nigra*）　禾本科

形态特征：秆高 4～8 米，紫黑色，末级小枝具 2 或 3 叶，叶片质薄。

生态习性：阳性树种，喜温暖湿润气候，耐阴，忌积水，适合排水性良好的砂壤土，对气候适应性强。

园林应用：紫竹为传统的观秆竹类，叶翠绿，颇具特色，宜丛植于庭院山石之间或书斋、厅堂、小径、池水旁。

（4）黄金间碧竹（*Bambusa vulgaris* 'Vittata'）　禾本科

形态特征：秆黄色，秆稍疏离，高 8～15 米，尾梢下弯，下部挺直或略呈"之"字形曲折。秆壁稍厚，节处稍隆起。

生态习性：耐寒性稍弱，喜光而略耐半阴，在疏松湿润的砂壤土或冲积土上生长快。

园林应用：秆金黄色，兼以绿色条纹相间，色彩鲜明夺目，具有较高的观赏性，为著名的观秆竹种，宜于庭院孤、丛植配置观赏。

（5）粉箪竹（*Bambusa chungii*）　禾本科

形态特征：地下茎合轴丛生，秆直立或近直立，高达 18 米，枝簇生，近相等，被白粉色，线状披针形。

生态习性：耐寒性稍弱，喜光而略耐半阴，在疏松湿润的砂壤土或冲积土上生长快。

园林应用：秆有白粉，丛植于庭院，甚为美观。

4.6　藤本植物

（1）凌霄（*Campsis grandiflora*）　紫葳科

形态特征：常绿藤本灌木，单叶对生，椭圆形。聚伞花序，花白绿色。蒴果粉红色，假种皮鲜红色。

生态习性：喜温暖湿润气候，耐寒，耐阴，不喜阳光直射。花期为 6 月，果期为 10 月。

园林应用：垂直绿化，丛植。

（2）常春藤（*Hedera nepalensis* var. *sinensis*）　五加科

形态特征：常绿攀缘灌木，有气生根。掌状单叶互生，革质，花枝上的叶片为椭圆状披针形，花淡黄白色或淡绿白色，有芳香。

生态习性：对环境的适应性很强，喜温暖湿润环境，对土壤要求不严。

园林应用：垂直绿化，也可作为地被，覆盖度高。

（3）爬山虎（*Parthenocissus tricuspidata*）　葡萄科

形态特征：大型落叶木质藤本，叶宽卵形，基部心形，秋叶为鲜红色。夏季开花，花小，成簇不显，黄绿色或浆果紫黑色。

生态习性：喜阴湿环境，不怕强光，耐寒、耐旱，喜阴湿肥沃土壤，耐贫瘠。

园林应用：垂直绿化，遮阴效果极佳。

（4）飘香藤（*Mandevilla laxa*）　夹竹桃科

形态特征：多年生常绿藤本植物。叶全缘对生，叶片长卵圆形，革质，叶面有皱褶，叶色富有光泽。花腋生，花冠漏斗形，花为红色、桃红色、粉红色等。初春到深秋几乎全年花开。

生态习性：喜充足的阳光，喜欢温暖湿润的环境，不耐寒，对土壤的要求不是很高，以肥沃、疏松、排水良好的砂壤土为佳。

园林应用：可作盆栽，放于阳台等处或者作为垂吊植物，也可用作篱笆，搭棚架。

（5）紫藤（*Wisteria sinensis*）　豆科

形态特征：落叶攀缘缠绕性大藤本植物。干皮深灰色，不裂；春季开花，青紫色蝶形花冠，花紫色或深紫色，十分美丽，花期为 4～5 月。

生态习性：对气候和土壤的适应性强，较耐寒，能耐水湿及瘠薄土壤，喜光，较耐阴。以土层深厚、排水良好、向阳避风的地方栽培最适宜。主根深，侧根浅，不耐移栽。生长较快，寿命很长。

园林应用：优良的观花藤本植物，适栽于湖畔、池边、假山、石坊等处，具有独特风格。部分藤本植物如图4-8所示。

地锦　　　　　　　　　　　　　　　紫藤

图4-8 藤本植物

4.7　水生植物

（1）黄菖蒲（*Iris pseudacorus*）　鸢尾科

形态特征：多年生观花草本。叶基生，灰绿色，宽条形，有3～5条不明显的纵脉。花茎中空，高50～60厘米，花大，黄色，花期为5～6月，果期为7～8月。

生态习性：喜温凉气候，耐寒性强。喜光，也较耐阴，喜湿润、排水良好、富含腐殖质的砂壤土或轻黏土，有一定的耐盐碱能力。

园林应用：可布置于园林中的池畔、河边的水湿处或浅水区，既可观叶，亦可观花。

（2）睡莲（*Nymphaea tetragona*）　睡莲科

形态特征：多年生浮水草本，叶纸质，心状卵形或卵状椭圆形，基部具深弯缺。花单生，浮于水面，花冠莲座形，白色，花期为6～8月。

生态习性：喜光，耐寒。根可吸收水中的铅、汞等有毒物质，净化水质。

园林应用：水体绿化。

（3）莲（*Nelumbo nucifera*）　莲科

形态特征：多年生水生草本，根状茎横生，肥厚，节间膨大，内有多数纵行通气孔道，下生须状不定根。叶圆形，盾状。花梗和叶柄等长或稍长，散生小刺；花大，芳香，花瓣红色、粉红色或白色。坚果椭圆形或卵形。花期为6～8月，果期为8～10月。

生态习性：特别喜光，极不耐阴；喜相对稳定的静水，不爱涨落悬殊的流水。对土壤的适应性较强，在各种类型的土壤中均能生长。

园林应用：中国传统名花，片植于水中，是优良的水体绿化植物。

（4）香蒲（*Typha orientalis*）　香蒲科

形态特征：多年生水生或沼生草本。根状茎乳白色，地上茎粗壮，向上渐细，叶片条形。雌雄花序紧密连接，花果期为5～8月。

生态习性：喜高温多湿气候，对土壤要求不严。

园林应用：叶绿穗奇，常丛植于园林水池、湖畔，可作花境、水景背景材料。

（5）中华萍蓬草（*Nuphar pumila* subsp. *sinensis*）　睡莲科

形态特征：多年生水生草本。叶纸质，心状卵形，基部弯缺约占叶片的 1/3，裂片开展，下面边缘密生柔毛。花黄色，花瓣宽条形，花果期为 5～9 月。

生态习性：喜温暖湿润气候，喜光，耐阴，对土壤要求不严。

园林应用：叶形奇特，花色艳丽，可丛植于水中，也可作盆栽观赏。

部分水生植物，如图 4-9 所示。

(a) 香蒲　　　　　　　　　　　　(b) 中华萍蓬草

(c) 睡莲　　　　　　　　　　　　(d) 莲

图 4-9　水生植物

4.8　蕨类植物

（1）肾蕨（*Nephrolepis auriculata*）　肾蕨科

形态特征：常绿草本，叶簇生，叶柄暗褐色，叶线状披针形。

生态习性：喜温暖潮湿的环境，喜半阴，忌强光直射，对土壤要求不严。

园林应用：花境、盆栽。

（2）鸟巢蕨（*Asplenium nidus*）　铁角蕨科

形态特征：多年生阴生草本观叶植物。植株高 80～100 厘米，叶革质，簇生，阔披针形，全缘，主脉两面均隆起。

生态习性：常附生于雨林或季雨林内树干上或林下岩石上，喜高温湿润，不耐强光。

园林应用：为较大型的阴生观叶植物，悬吊于室内也别具热带情调，植于热带园林树木下或假山岩石上，盆栽的小型植株用于布置明亮的客厅、会议室、书房、卧室。

（3）木贼（*Equisetum hyemale*） 木贼科

形态特征：多年生常绿草本，高30～100厘米。根状茎粗短，黑褐色，横生地下，节上生黑褐色的根。地上茎直立，中空，有节，表面灰绿色或黄绿色，有纵棱沟壑0～30条，粗糙。

生态习性：喜阴湿的环境。

园林应用：适用于湿地、水边植物景观的营造。

（4）铁线蕨（*Adiantum capillus-veneris*） 凤尾蕨科

形态特征：根状茎细长横走，密被棕色披针形鳞片。柄长纤细，栗黑色，有光泽，叶片卵状三角形，基部楔形，羽片互生。

生态习性：喜温暖湿润环境，忌直射而高热的强光，喜散射光。土壤以疏松、肥沃、透水为佳。

园林应用：株型小巧，形态别致，适宜作小型盆栽。

（5）鹿角蕨（*Platycerium wallichii*） 水龙骨科

形态特征：阴生观叶草本。根状茎肉质，短而横卧，叶2列，二型；基生不育叶厚革质，贴生于树干上，全缘；能育叶成对生长，下垂，灰绿色，分裂成不等大的3枚主裂片，多次分叉成狭裂片。

生态习性：喜温暖阴湿环境，怕强光直射，以散射光为好，土壤以疏松的腐叶土为宜。

园林应用：鹿角蕨株型奇特，大叶下垂，姿态优美，是珍奇的观赏蕨类，可作为室内及温室的悬挂植物。

4.9 草坪植物

（1）早熟禾（*Poa annua*） 禾本科

形态特征：多年生草本，具横走根茎，须根细弱。秆直立，高12～20厘米，翠绿色，分蘖能力强。

生态习性：喜温暖湿润环境，喜深厚肥沃、排水良好的土壤，略耐践踏。

园林应用：草坪。

（2）剪股颖（*Agrostis clavata*） 禾本科

形态特征：多年生草本植物，具细弱的根状茎。秆丛生，直立，柔弱，高可达50厘米，叶片直立，扁平，短于秆，微粗糙，上面绿色或灰绿色，4～7月开花结果。

生态习性：耐盐碱，耐瘠薄，有一定的抗病能力，不耐水淹。

园林应用：适时修剪，可形成细致、植株密度高、结构良好的毯状草坪，用于绿地、高尔夫球场球盘及其他类型的草坪。

（3）黑麦草（*Lolium perenne*）　禾本科

形态特征：秆高 30～90 厘米，基部节上生根质软。叶片柔软，具微毛，有时具叶耳。花果期为 5～7 月。

生态习性：喜温凉湿润气候，宜于夏季凉爽、冬季不太寒冷的地区生长，耐寒、耐热性均差，不耐阴。

园林应用：各地普遍引种栽培的优良牧草，生于草甸草场，路旁湿地常见。

（4）结缕草（*Zoysia japonica*）　禾本科

形态特征：多年生草本，具横走根茎，须根细弱。秆直立，叶片扁平或稍内卷，表面疏生柔毛，背面近无毛。花果期为 5～8 月。

生态习性：喜温暖湿润气候，喜光，耐阴，抗旱、抗盐碱、抗病虫害能力强，耐瘠薄，耐践踏，耐一定的水湿。

园林应用：结缕草具有抗踩踏、弹性良好、再生力强、病虫害少、养护管理容易、寿命长等优点，普遍应用于运动场地草坪。

（5）高羊茅（*Festuca elata*）　禾本科

形态特征：多年生草本，秆成疏丛或单生，直立，高可达 120 厘米，叶片线状披针形，通常扁平，下面光滑无毛，上面及边缘粗糙，花果期为 4～8 月。

生态习性：喜寒冷潮湿的气候，在肥沃、潮湿、富含有机质的细壤土中生长良好。不耐高温，喜光，耐半阴，抗逆性强，耐酸，耐瘠薄，抗病性强。

园林应用：用于家庭花园、公共绿地、公园、足球场等运动草坪。

模块 5
单位附属绿地设计

5.1 单位附属绿地的概述

5.1.1 概念和功能

▶ 微课 ◀
大专院校校园景观设计概述

单位附属绿地是指属于工业区、仓储区、政府机关团体、部队、学校和医院等用地范围内的绿地,也称为专用绿地。随着城市的不断发展与人口的增加,城市用地日益紧张,环境不断恶化,单位附属绿地作为城市绿化和环境建设的有机组成部分,对于改善城市生态、美化城市环境和改善人民生活质量都起到了直接作用,其绿化水平、绿地率和绿视率的高低对人们的生产、生活具有相当重要的意义。

5.1.2 特点

单位附属绿地的绿化主要是通过合理的植物配置,营造一个绿树成荫、空气清新、优美舒适的工作环境,从而提高工作质量和效率,起到绿化兼美化的作用。

单位附属绿地的主体是建筑物,园林植物只用来补充和完善,通过合理的设计布局来衬托建筑,使建筑与园林植物相得益彰。

由于单位附属绿地的面积及绿化配套设施等方面的限制,其绿地的规划布局应简洁大方,主要以植物造景为主,在条件允许的情况下,适当设置一些园林小品。

5.2 单位附属绿地植物配置

单位附属绿地植物配置是协调植物与建筑物、植物与周围环境、植物与植物之间关系的一门园林艺术,合理的配置才能充分体现建筑物的静态美与植物的动态美。

单位办公楼作为一个严肃、有序的办公场所,决定其附属绿地的植物配置宜采用规则式、有规律的植物布局，为办公楼等建筑建立绿色、减噪、防污的屏障，创造较为幽静的办公环境。具体应注意以下几点。

第一，植物选择应充分考虑建筑朝向、门窗位置、风向等因素，满足办公场所通风和采光需求。

第二，根据绿地形状，单位绿地须有3～4个完整的绿面，绿地面积较大的区域宜选用大乔木—小乔木—灌木—地被植物，如栾树、雪松、紫叶李、白玉兰、西府海棠、月季、红王子锦带、迎春花、草坪；绿地面积较小区域则宜选用小乔木—灌木—地被植物，如樱花、碧桃、月季、紫薇、草坪，尽可能做到四季有景、三季有花。

第三，靠近建筑附近的绿地一般采用基础种植形式，选用外形较为整齐的或修剪过的植物，如大叶黄杨、金叶女贞等。

第四，单位入口处绿化应醒目大方，运用植物强化入口景观，发挥入口与主建筑之间的联系和缓冲作用。主入口的庄重感通过绿地延续，使人的视觉及心理得以平缓过渡。

第五，因地制宜栽种不同生态习性的植物，组成不同功能和审美要求的空间，如食堂、厕所周围宜栽种一些抗污染、净化空气，又能遮挡的植物，如臭椿、早园竹等，既净化空气，又美化环境。

第六，应重视立体绿化。单位绿地中，立体绿化的内容包括围墙、墙面绿化、屋顶绿化、棚架绿化等。绿化的实施与建筑物结构及设计有密切联系，在单位建筑物建造时应作为一项必要的基建配套设施，事先予以考虑和安排。立体绿化植物的选择：屋顶绿化考虑屋面的承重、结构及防水等因素，土层较浅，宜选择栽种草坪、地被植物及小灌木等，如早熟禾、景天类建坪；围墙墙面及棚架绿化可根据墙体朝向、结构或棚架的使用功能等选择合适的藤本植物，如爬山虎、藤本月季、紫藤、葡萄等。

第七，选择植物时不仅要考虑到绿地近期的景观效果，还要顾及长远的效果，对植物间的距离要有充分的估计。为了体现绿地上植物多姿多彩的风格韵味，必须依据植物的树形、叶形、叶色、花期、季相变化等进行合理栽种，充分体现植物春花、夏荫、秋果、冬绿的景观特色。

5.3 单位附属绿地景观设计案例

5.3.1 案例一：高等学校校园绿地设计

（1）总体原则

遵守经济、适用、美观、生态原则，保持和维护好原有的自然环境及景观，根据该校园的规划布局形式、环境特点及用地的具体条件，采用集中与分散相结合，点、线、面相结合的绿地系统，将校园园林绿化与校园历史文化建设有机结合，打造校园特色景观。

以乡土树种为主，保护古树名木，凸显地方特色，注重乔木、灌木、地被、竹类植物和攀缘植物的有机结合，合理布局及科学搭配，营造草木葱天、花香满园、空气清新、恬静舒适、优美整洁，有益于师生学习、工作和生活的校园环境。

注重基调树种与骨干树种、速生树种和慢生树种、观花树种和观叶树种相结合，根据生态习性合理配置不同植物，注意层次及色彩搭配，营造丰富多样的季相景观。

（2）基本原则

① 生态性原则　生态是环境景观设计永远的主题。生态性原则要求，尊重、保护和利用现有的校园自然景观资源，实现人工环境与自然环境的和谐共存、相互补充，以可持续发展的理想校园生态环境为最根本的原则，经济合理地利用土地和其他自然资源，实现共生、共荣、共存、共乐、共雅，达到向自然适度索取与最优回报间的平衡。

我国北方的清华大学（图 5-1），南方的浙江大学（图 5-2）、上海交通大学等几乎所有的名校都有着令莘莘学子骄傲的校园环境。以校园中固有的山坡、河流、湖泊、凹地、绿地、树林等自然景观作为校园景观环境格局的构架，是建成优美校园的重要而有效的方法。尽量利用原有地形和植被，少动土方，也是减少投入、获取高效益的有力手段，从而能营造出一个山青水绿、天蓝云卷、草木叠翠的生态校园。

图 5-1　清华大学校园环境

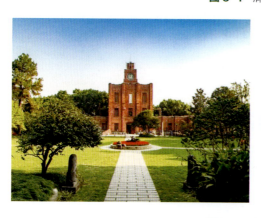 

图 5-2　浙江大学校园环境

② 延续性原则　该原则具体如下。

a. 与校园总体规划相吻合。景观环境规划应在校园总体规划指导下进行设计，应是校园总体规划的延伸和拓展，必须强化校园总体规划的原则和特色。

b. 应与校园建筑有机结合，融为一体，追求建筑"长"在自然环境中的意境。内外空间交流，绿地可局部伸入室内，延伸至室内空间；制造一些通透性好的半开敞的"灰空间"，如门厅、门廊、廊架、亭阁、平台等；在硬质景观（广场、硬地、铺装等）中采用与建筑物相同或类似的建筑材料，作为建筑的延伸处理。

c. 应尽量让原有山林坡地、水面自然融入校园环境中，使绿色楔入校园环境，使自然景观延伸到人工景观中。

d. 应与校园的历史文脉相延续、相拓展。

③ 人本化原则　校园的特点是学生相对单纯——年龄、文化背景大致相同；使用规律比较简单——以教室、食堂、宿舍三点一线为主；组成的元素较为完整——像个小城市，五脏俱全。校园的建筑、景观环境都必须以使用者为中心，以他们的行为作为模板和参照，形成完善、安全、舒适的环境，为师生学习、交流、聚散、休闲娱乐提供方便。

a. 空间分割合理。中心区轮廓明显，方位标志突出，道路通达便捷，色彩对比强烈，视线走廊通透、聚焦。户外学习空间幽雅、安静，用植物围合成半封闭空间，有可停可歇的座凳、亭廊、花架等设施，夜晚照明好。

b. 尺度舒适、安全、方便管理。教学楼教室边南北向的植物应以低矮为主，形成宽敞明亮的采光环境。所有室外家具和设施都必须符合大学生的尺度和行为模式。

主、次干道分明，休闲步道1.5～2.0米宽即可。水边宜建生态型驳岸，可设缓坡草地深入水中，水深处的平台、桥梁一定要设防护栏杆（高1.1米）。如有人造水池，水深宜小于0.7米，安全起见，水中汀步石应做防滑处理。喷泉水景不宜多设，否则过于喧哗，且难以维护管理，运行成本也高。

c. 可识别性强。由于使用者定期更换（每年都有新生入学），来访者众多，建立识别特征（易于辨认、找路）、结构特征（方向、主次等）、景观特征（主楼、雕塑、主广场等）、标志系统（指示路牌、建筑物标牌、公厕等公共设施标牌）也是必需的。

④ 人文性原则　校园景观环境应能体现各种人文精神，以最大限度地强化学生、教师等职工的内在精神特质，潜移默化地感染人的情绪，提高人的道德品质、艺术修养，完善人格，保持学校蓬勃向上、清新、净美的气质。一般可运用以下方法将校园精神渗透到物化的环境之中。

a. 环境风格的建立。充分利用校区内独特的自然景观和建筑环境，创建风格浓郁的环境，是建立富有精神内涵的校园环境的重要方法。

b. 历史环境的保护与纪念环境的创造。每个学校都有自己的历史，将这些历史反映到校园环境中，利用反映校史的建筑、雕塑、碑刻、纪念林地等能帮助学生更好地领悟校园精神。在学校扩建和改建中，尤其要注意保留具有历史意义的空间场所和建筑实体，并让新的空间和实体与原有空间和实体相呼应。可设置一些纪念性环境，如杰出人物的雕像（图5-3），以及纪念园、纪念林、壁画、纪念亭、展示廊、小品等来突出文化内涵和传统精神，以激励学生。

图5-3　著名文学家、教育家鲁迅先生的雕像

c. 现代精神的融入。在设计中加入能反映现代学校教学宗旨，鼓励学生向科学高峰勇敢攀登，或体现学校践行"绿水青山就是金山银山"发展理念的雕塑或标志物，可用一些抽象、现代感较强、质朴或现代的材料制作（图5-4）。

图5-4　某学校广场入口标志石

⑤ 景观性原则　景观是一种物质和精神的展示，可运用视廊、节点、边界、路径、地标、景区，开放、半开放、闭合的空间，以及主要视点等相关设计元素，运用借景、组景、透景、隔景等设计手法，将天、水、气、山、地、绿引入校园，形成布局紧凑，张弛有致，富于节奏感、韵律感，简洁大方而又丰富多变、引人入胜的校园空间效果。

⑥ 整体性原则　功能各异的景观子系统，必须在上一级系统宏观控制的基础上，运用统一的设计语言、统一的色彩体系，保持自身的完整性与整体性，强调不同层面、不同区域景观设计的统一性，将各种序列空间合理组织好。如北京外国语大学校门与整齐对列的行道树的融合（图5-5）。

图5-5　北京外国语大学校门

▶微课◀
大专院校校园景观设计要点

▶微课◀
校园附属绿地方案设计

（3）高等学校各区绿地规划设计要点

① 校前区绿化　校前区主要是指学校大门、出入口与办公楼、教学主楼之间的空间，有时也称作校园的前庭，是大量行人、车辆的出入口，具有交通集散功能，同时起着展示学

校标志、校容校貌及形象的作用。一般有一定面积的广场和较大面积的绿化区，是校园重点绿化美化地段之一。校前空间的绿化要与大门建筑形式相协调，以装饰为主，衬托大门及立体建筑，突出庄重典雅、朴素大方、简洁明快、安静优美的高等学府校园环境。校前区的绿化主要分为两部分：门前空间（主要指城市道路到学校大门之间的空间）与门内空间（主要指大门到主体建筑之间的空间）。

门前空间一般使用常绿花灌木形成活泼而开朗的门景，两侧花墙用藤本植物进行配置。在四周围墙处，选用常绿乔灌木以自然式带状布置，或以速生树种形成校园外围林带。另外，门前的绿化既要与街景有一致性，又要体现学校特色。

门内空间的绿化设计一般以规则式绿地为主，以校门、办公楼或教学楼为轴线，在轴线上布置广场、花坛、水池、喷泉、雕塑和主干道。轴线两侧对称布置装饰或游憩性绿地。在开阔的草地上种植树丛，点缀花灌木，自然活泼。或植草坪及整形修剪的绿篱、花灌木，低矮开朗，富有图案装饰效果。在主干道两侧植高大挺拔的行道树，外侧适当种植绿篱、花灌木，形成开阔的绿荫大道（图5-6、图5-7）。

图 5-6　西南政法大学校门设计方案

图 5-7　某大学校门内外设计方案

② 教学科研区绿化　教学科研区绿地主要是指教学科研区周围的绿地，一般包括教学楼、实验楼、图书馆等建筑区域环境。其主要功能是满足全校师生教学、科研的需要，为教学科研工作提供安静优美的环境，也为学生创造课间进行适当活动的绿色室外空间。

教学科研主楼前的广场设计，一般以大面积铺装为主，结合花坛、草坪，布置小喷泉、雕塑、花架、园灯等园林小品，体现简洁、开阔的景观特色（有的学校也将校前区和其结合起来布置）。

为满足学生休息、集会、交流等活动的需要，教学楼之间的广场空间应注意体现其开放性、综合性的特点，并具有良好的尺度和景观，以乔木为主，花灌木点缀。绿地平面布局上要注意其图案构成和线型设计，以丰富的植物及色彩，形成适合师生在楼上俯视的鸟瞰景观效果画面。立面要与建筑主体相协调，并衬托美化建筑，使绿地成为该区空间的休闲主体和景观的重要组成部分。教学楼周围的基础绿带，在不影响楼内通风采光的条件下，多种植落叶乔灌木（图5-8）。

大礼堂是集会的场所，正面入口前一般设置集散广场，绿化同校前区，由于其周围绿地空间较小，内容相对简单。礼堂周围基础栽植，以绿篱和装饰树种为主。礼堂外围可根据道路和场地大小，布置草坪、树林或花坛，以便人流集散。

实验楼的绿化基本与教学楼相同。另外，还要注意根据不同实验室的特殊要求，在选择树种时综合考虑防火、防爆及空气洁净程度等因素。

图书馆是图书资料的储藏之处，为师生教学、科学活动服务，也是学校标志性建筑，其周围的布局与绿化基本与大礼堂相同。

图5-8　某大学教学科研绿地

③ 学生生活区绿化　高等院校为方便师生学习、工作和生活，校园内设置有生活区和各种服务设施，该区是丰富多彩、生动活泼的区域。生活区绿化应以校园绿化基调为前提，根据场地大小，兼顾交通、休息、活动、观赏诸功能，因地制宜地进行设计。食堂、浴室、商店、银行、快递门店前要留有一定的交通集散及活动场地，周围可留基础绿带，种植花草树木。活动场地中心或周边可设置花坛或种植庭荫树。

学生宿舍区绿化可根据楼间距大小，结合楼前道路进行设计。楼间距较小时，在楼梯口之间只进行基础栽植或硬化铺装。场地较大时，可结合行道树，形成封闭式的观赏性绿地，或布置成庭院式休闲性绿地，铺装地面，花坛、花架、基础绿带和庭荫树池结合，形成良好的学习、休闲场地（图5-9）。

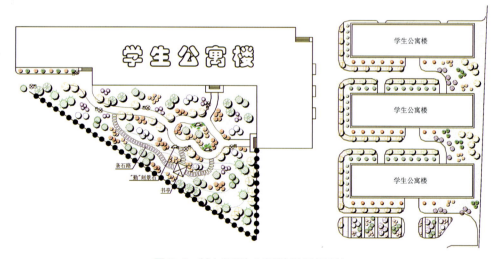

图5-9　某大学学生公寓楼绿地规划设计

④ 教工生活区绿化　教工生活区绿化与普通居住区的绿化设计相同，设计时可参阅居住区绿化中的有关内容。

⑤ 休息游览区绿化　高等院校一般面积较大，在校园的重要地段设置花园式或游园式绿地，供师生休闲、观赏、游览和读书。另外，大专院校中的花圃、苗圃、气象观测站等科学实验园地，以及植物园、树木园也可以以园林形式布置成休息游览绿地。休息游览绿地规

划设计构图的形式、内容及设施，要根据场地地形地势、周围道路、建筑等环境综合考虑，因地制宜地进行（图5-10）。

⑥ 体育活动区绿化　体育活动区一般在场地四周栽植高大乔木，或在乔木下层配置耐阴的花灌木，形成一定层次和密度的绿荫，能有效地遮挡夏季阳光的照射和冬季寒风的侵袭，减弱噪声对外界的干扰。

室外运动场的绿化不能影响体育活动和比赛，以及观众的视线，应严格按照体育场地及设施的有关规范进行。为保证运动员及其他人员的安全，运动场四周可设围栏。在

图5-10　某学校校园休闲绿地

适当之处设置座凳，供人们观看比赛。设座凳处可植落叶乔木遮阳。体育馆建筑周围应因地制宜地进行基础绿带绿化。

⑦ 校园道路绿化　校园道路两侧行道树应以落叶乔木为主，构成道路绿地的主体和骨架，浓荫覆盖，有利于师生们的工作、学习和生活。在行道树外还可以种植草坪或点缀花灌木，形成色彩、层次丰富的道路侧旁景观。校园道路绿化可参阅交通绿化中的有关内容。

⑧ 后勤服务区绿化　后勤服务区绿化与生活区绿化基本相同，不同的是还要考虑水、电、热力，以及各种气体动力站、仓库、维修车间等管线和设施的特殊要求，在选择配置树种时综合考虑防火、防爆等因素。

5.3.2　案例二：某县消防大队运动文化主题广场绿地景观设计

（1）项目概况

某县消防大队办公楼后运动文化主题广场，绿地占地面积约0.62公顷，主体分为两大块绿地，其东西走向长为124米，南北走向宽为50米。消防大楼为新建项目，现状场地为工地的临建设施，地形比较平整。

（2）绿地规划的指导思想

严肃整洁、生态训练、文化育人。

（3）绿地规划景观效果图

绿地规划景观效果如图5-11～图5-19所示。

图5-11　运动文化主题广场鸟瞰效果图

图 5-12 运动文化主题广场总平面方案效果图（一）

图 5-13 运动文化主题广场总平面方案效果图（二）

图 5-14 运动文化主题广场入口效果图

图 5-15 运动文化主题广场景墙正面效果图

图 5-16　运动文化主题广场景墙背面效果图

图 5-17　运动文化主题广场博弈亭效果图

图 5-18　运动文化主题广场园路铺装示意图

图 5-19 运动文化主题广场景观灯具意向图

模块 6
住宅小区绿地设计

6.1 住宅小区绿地的概述

▶ 微课 ◀
居住小区绿地设计

住宅小区的住区分类包括高层住区、多层住区、低层住区和综合住区等。住宅小区绿地的组成包括小区入口前后绿地、小区花园及游园、组团绿地、宅旁绿地、小区道路绿地、配套公建设施绿地。绿地应结合场地雨水排放进行设计，并宜采用雨水花园、下凹式绿地、景观水体、干塘、树池、植草沟等具备调蓄雨水功能的绿化方式。

6.1.1 小区各类绿地的功能和设计要点

（1）小区入口前后绿地

小区入口处是展示住宅小区形象的地方，入口处绿地也是小区绿化的重点之一。绿地的形式、色彩和风格要与大门建筑统一协调，设计时应充分考虑，以形成住宅小区的特色及风格。一般大门外两侧采用规则式种植，以树冠规整、耐修剪的常绿树种为主，与大门形成对比；或对植于大门两侧，衬托大门建筑，强调入口空间。在入口对景位置可设计花坛、喷泉、假山、雕塑、植物组团及影壁等。

大门外两侧绿地，应由规则式过渡到自然式，并与街道绿地中人行道绿化带相结合。大门入口至住宅楼前区域，根据空间和场地大小往往规划成广场，供人流交通集散和停车，绿地位于广场两侧（图 6-1、图 6-2）。

（2）小区花园及游园

小区花园及游园一般面积较小，功能较简单，均匀分布在住宅小区之中。常位于小区的中心地段，也可在小区一侧沿街布置，形成防护隔离带，美化街景。当小区花园及游园贯穿整个小区时，居民进入非常方便，小区风貌也更加丰富。小区花园及游园大小应适宜，太小不便于设置老人、小孩的游戏活动场所（图 6-3）。

布局形式一般有规则式、自然式和混合式。规则式布局一般有明显的轴线，给人以整齐、明快的感觉；自然式布局的道路曲折迂回，给人以自由活泼、富有自然气息之感；混合式布局是二者的结合，既有自然式的灵活，又有规则式的整齐（图6-3）。

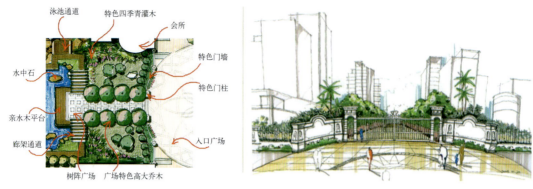

图6-1 小区入口平面图　　图6-2 小区入口效果图

图6-3 小区游园平面图

（3）组团绿地

组团绿地直接靠近住宅，规划设计中要精心安排不同年龄层次的居民的活动范围和活动内容，提供舒适的休息和娱乐条件。不宜建许多园林建筑小品，慎重采用假山石和大型水池，应以花草树木为主，适当设置桌、椅、简易儿童游戏设施（图6-4）。

根据组团绿地的规模、形式、特征布置绿地空间，种植不同的花草树木，强化组团特征，如合肥的西园新村有"梅影""竹荫""枫林""松涛""桃源""桂香"，上海的御桥花园居民苑有"林海""湖光""山色""春曲"。应充分渗透文化因素，形成各自特色，如昆明的西华小区邻近大观公园，大观公园长联中有"三春杨柳""九夏芙蓉""二行秋雁"之描绘，小区中就借用了这些美景的精髓，将组团绿地命名为"春怡里"，突出春天的风景，"夏蓉里"，突出夏天之活力，"秋韵里"，反映秋天的韵味。

布局形式有开放式、封闭式和半开放式。开放式布局可以自由进入，无分割物，实用性强，多采用这种形式；封闭式布局一般用绿篱、栏杆隔离，便于管理，但使用效果差；半开放式布局用绿篱、栏杆隔离，但留有若干出入口。

图 6-4　组团绿地平面图、意向图

（4）宅旁绿地

宅旁绿地是住宅小区绿化的基本单元，最靠近居民。树种的选择应多样化，以丰富绿化面貌。特别是行列式住宅，因为行列式住宅易产生单调感。

低层行列式住宅的向阳面绿化应以落叶乔木为主，最好是少用常绿乔木，因常绿乔木遮挡阳光，会产生阴冷之感（应在离建筑 5～7 米处种植）；其阴面可选择耐阴的花灌木及草坪；住宅的东西两侧可种高大乔木或绿色荫棚、攀缘植物，减少东西日晒。

多层单元式住宅的四周绿化应该以草坪为主，草坪边沿处种植一些乔木、花灌木等。布局形式有树木型、绿篱型（图 6-5、图 6-6）、围栏型、花园型、独院型等。

图 6-5　宅旁绿地平面图

图6-6　宅旁绿地效果图

（5）小区道路绿地

小区"点、线、面"绿化系统中的"线"部分，起连接、导向分割、围合等作用。道路作为车辆和人员的汇流途径，具有明确的导向性。道路两侧的环境景观应符合导向要求，并达到步移景移的视觉效果。道路边的绿化种植及路面质地、色彩的选择应具有韵律感和观赏性。在满足交通需求的同时，道路可形成重要的视线走廊，因此，要注意道路的对景和远景设计，以强化视线集中的观景效果。

休闲性人行道、园道两侧的绿化种植要尽可能形成绿荫带，并串连花台、亭廊、水景、游乐场等，形成休闲空间的有序展开，增强环境景观的层次。

消防车道与人行道、院落车行道合并使用时，可设计成隐蔽式车道，即在4米幅宽的消防车道内种植不妨碍消防车通行的草坪、花卉。铺设人行步道，平日作为绿地使用，应急时可供消防车使用，有效地弱化单纯消防车道的生硬感，提高环境和景观效果。

住宅小区道路的树木配置应灵活多样，可选小乔木及开花灌木。小区的组团道路多用开花灌木；宅前小路的绿化布置应适当退后路缘0.5～1米（图6-7）。

图6-7　小区道路绿地

（6）配套公建设施绿地

配套公建设施绿地指的是附属于住宅小区的幼儿园、医院、商业区和物业管理等配套公共建筑的绿地。此类公建用地多为开敞空间，设计中要根据配套公共建筑的性质来确定绿地规划的形式。如附属商业区的绿地应能点缀并加强其商业气氛，并设置连续性的、有特征标记的设施及树木、花池，做到简洁美观、干净整齐。

6.1.2 小区场所景观的组成、功能及设计要点

（1）健身运动场

健身运动场包括运动区和休息区。运动区应保证良好的日照和通风，地面宜选用平整、防滑、适于运动的铺装材料，同时满足易清洗、耐磨、耐腐蚀的要求。室外健身器材要考虑老年人的使用特点，要采取防跌倒措施。休息区布置在运动区周围，供健身运动的居民休息和存放物品。休息区宜种植遮阳乔木，并设置适量的座椅，有条件的小区可设置直饮水装置。

（2）休闲广场

休闲广场应设于住区的人流集散地（如中心区、主入口处），面积应根据住区规模和规划设计要求确定，形式宜结合地方特色和建筑风格考虑。广场出入口应符合无障碍设计要求。

休闲广场周边宜种植适量庭荫树，布置休息座椅，为居民提供休息、活动、交往的设施，在不干扰邻近居民休息的前提下保证适度的灯光照明。广场铺装以硬质材料为主，形式及色彩搭配应具有一定的图案感，不宜采用无防滑措施的光面石材、地砖、玻璃等。

（3）游乐场

儿童游乐场应该在景观绿地中划出固定的区域，一般均为开敞式。游乐场地必须阳光充足，空气清洁，能避开强风的袭扰。游乐场的选址还应充分考虑儿童活动产生的嘈杂声对附近居民的影响，以离开居民窗户 10 米远为宜；应与住区的主要交通道路相隔一定距离，减少汽车噪声的影响，并保障儿童的安全。

儿童游乐场周围不宜种植遮挡视线的树木，保持较好的可通视性，便于成人对儿童进行目光监护。儿童游乐场设施的选择应能吸引和调动儿童参与游戏的热情，兼顾实用性与美观性。

6.2 住宅小区绿地景观设计原则及要点

在现代住宅小区绿地中，植物景观是主体。由于小区自身的特殊环境特点，其中的植物选材以及配置方式同样具有一定的特殊性。

6.2.1 树种的选择

我国幅员广阔，植物品种因气候、土壤的差别而有所不同。因为我国绝大部分区域属于温带大陆性气候，夏季气温高、日照强，冬季寒冷、多西北风，"春花，夏荫，秋叶，冬绿""三季有花，四季常青"成为这种气候条件下的典型植物景观特色，这应该在住宅小区绿化中得到集中体现。

根据多年的小区绿地规划设计经验，小区树种的选择应该遵循如下原则：选择乡土树种作为基调树种，适当引入稀有品种，在住宅建筑的南面小气候条件较好的情况下，栽植一些观赏效果较好的树种；由于小区人流量较大，绿化树种不宜选择有飞絮、浆果的高大乔木；灌木不宜选择带刺、有毒品种，以减少植物本身的安全性隐患，尤其在儿童游戏场地周围不能选用夹竹桃、花椒、玫瑰、红刺梅、黄刺梅、枸骨、飞絮杨柳等；由于住宅建筑的北侧绿地内形成较大面积的阴影区，选择耐阴树种较为重要，适宜的有垂丝海棠、珍珠梅、八角金

盘、桃叶珊瑚、络石、蚊母、沙地柏等。另外，由于人们有爱美的天性，一定数量的花卉、芳香植物也受到广大居民的欢迎。

6.2.2 植物配置的方式

住宅小区绿地的植物群落应是模拟自然而营造的适合本地区自然条件、结构配置合理、层次丰富、物种关系协调、景观优美和谐的园林植物群落。从实际调查的结果来看，草坪的养护费用是一般乔灌木的3～5倍，而其所发挥的生态效应却只相当于同等面积的乔、灌、草复合配置的1/4。所以，在小区植物配置中，应提倡以多层次、富于季相变化的立体植物群落为基础，在空旷有阳光之处设置一定量的微地形草坪绿地，适当增加花卉的使用量，形成花团锦簇、绿树成荫的园林植物景观效果。在植物组团的搭配中，应考虑住宅采光、通风等问题。绿地中的配套设施应有休闲座凳、健身器材、照明设备和垃圾箱等。

6.3 住宅小区绿地规划设计的步骤

住宅小区绿地规划设计的实施过程：调查准备工作，资料整理及现状分析，方案设计。

6.3.1 调查准备工作

调查准备工作包括资料搜集、资料调查及现场调查三部分。

（1）**资料搜集**

为做好小区的绿地规划设计，首先要搜集小区的有关资料，如小区总体规划设计图纸及报告书等，图纸资料可由建设方提供。同时还要搜集小区所在城市的土壤、气候、水文、历史、文化等相关资料，这些资料可在当地有关的档案馆中查找。也要搜集小区内居民的有关资料，如居民的年龄结构、文化结构、职业结构等，这些资料可由建设方提供或到户籍管理部门查询。上述资料的搜集对将要进行的小区绿地规划设计工作十分重要。

图纸资料包括小区所在的城市交通图及小区总体规划现状图。城市交通图可使设计者对小区在城市中的位置、交通情况及周边环境一目了然；小区总体规划现状图和道路、住宅等施工图则使设计者对小区内的情况有比较准确的了解。在此过程中一定要注意资料的准确性、来源及日期。需要掌握的小区图纸资料包括以下几种。

① 小区规划总平面图（1：500，1：1000，1：2000）此图包括：规划设计范围（红线范围、坐标数字），规划范围内的地形、标高及建筑物（住宅、公建、其他附属设施）的位置等。设计者通过此图可以详尽了解小区的总体布局形式和空间划分，为规划设计打好基础。

② 道路设计平面图（1：200，1：500）此图包括：小区各级道路的宽度、转角、坡向、坡度及交叉点的坐标等。设计者通过此图可以了解小区的道路规划现状，车辆、人流的组织情况，以及道路的地表排水设计等，为绿地的园路设计、竖向设计及地表排水设计找到充分的依据。

③ 小区住宅以及主要公共建筑的平、立面图　平面图包括建筑占地面积（包括散水）、

每栋建筑单元的主要出入口位置；立面图要求有建筑物的高度、色彩、造型，以及其朝向和四季投影范围等。设计者通过此图可以了解小区建筑的总体风格和形式，从而确立绿地的风格和园林小品的形式，而建筑物投影范围则为设计者的种植设计（尤其是耐阴树种的选择）提供充分的依据。

④ 地下管线图（1∶200，1∶500） 最好与施工图比例相同，图内应包括已经建成小区的上水、雨水、污水、化粪池、电信、电力、暖气沟、煤气、热力等管线的位置及井位等。除平面图外，还要求有剖面图，并注明管径大小、管底或管顶标高、压力、坡度等。此图可以帮助设计者了解小区地下管线的位置及各项技术参数，使绿地的种植、竖向、给排水、电力等诸项施工图的设计更符合实际。

（2）资料调查

资料调查是规划前期的一项重要工作，通过资料调查可以使设计者更多地了解小区的内外环境，也使将要进行的现场调查更具目的性，是现场调查的前提。尤其是在小区居民尚未入住时，设计者大多数的感性认识均来自资料调查。通过资料调查可以了解以下内容。

① 关于规划的范围　包括小区的四至情况、规划红线。

② 关于建设单位　包括建设单位的性质、特别要求、经济能力、管理能力和水平。

③ 有关小区管理的规章制度和管理模式　设计时不能只考虑即时的景观建设而不重视长期效果。管理单位交接时不能只看表面效果，要预见长远的管理问题，才能让小区绿化景观效果较好地呈现。植物后期效果维护要请有养护知识的人员护理，要列出明确的要求，使植物的修剪方法正确，病虫害防治及时。

④ 关于居住区的自然环境　包括居住区的内部自然条件和外部环境两部分。

a. 内部自然条件包括居住区内部的地形、土壤、水质、基础设施的分布情况，以及它们之间的相互关系、使用者属性等。需要掌握地形状况、地势坡向、坡度；地下水位高度，有无特殊元素；土壤类型、表土厚度、老土深度；地下各管线情况等。

b. 外部环境包括气象、植物、周边设施及可利用的景观。气象资料需要掌握年降雨量、集中降雨时间；年最高、最低湿度及分布时间；年季风风向、风速及冰冻线深度等。周边设施及可利用景观包括：周边设施，主要指为居民提供的教育、服务、生活、交通等设施的位置及使用情况，可帮助设计者了解各设施的使用频率，从而计算出相应路线上的人流容量；周边公园的位置及设施情况，这项工作可以使设计者在设计居住区绿地的内容时，既避免重复设置，又弥补公园的不足；交通路线，主要指功能性交通路线，涉及居民乘车、上学、购物等，此项工作可使设计者对居住区内的交通路线有准确的判断；内部路线，涉及散步、健身、休闲活动等；周边景观，指在小区内可观赏到的周边的自然或人工景观，如山体、水面、河道、风景林带、公园及建筑物等，这项调查可以使设计者初步了解小区绿地的借景范围和借景物。

⑤ 有关小区的人文环境　包括居住人口的年龄状况、人口构成变化、文化结构、历史风情、文化沿革、民风民俗等，这些情况对小区绿地的风格和内容有很大影响。

通过详细的资料调查后，设计者对设计的对象有了初步的了解，一些解决问题的办法也相应地产生了，但无论资料如何详尽、如何准确，设计者都必须亲自到现场进行更深入的调查。

（3）现场调查

现场调查具有很强的目的性，是资料调查的深入和继续。设计者通过现场调查，既可以对资料调查中的相关内容进行核实，又可以对资料调查产生的疑点进行实地勘察，必要之处需要现场拍照取样和测量记录，得出准确的结论。同时，在现场调查中，设计者可以将初步的设想实地模拟操作，有利于设计方案的形成。

现场调查中除了要核查资料调查中的有关内容和技术数据外，还要着重调查资料中未能显示的因素，如小区植被的现状（现有的植物品种、位置及生长状况），需要换土的位置、面积和深度，周围景观的形式、风格，以及小区内的最佳观赏位置，等等。规划前的调查工作是很重要的，做好现场调查工作可以使小区的绿地规划设计更富有特色而又翔实可靠。

6.3.2 资料整理及现状分析

调查之后的整理和分析非常重要，它既是设计方案产生的依据，也是设计方案产生的过程。翔实的资料分析可以为设计者的设计理念提供有力的论据，从而说服建设方，使设计方案可以较为顺利地通过审查。

资料整理一般可以遵循以下程序：将调查的步骤以图表的形式表达清楚，包括调查的项目、具体内容、调查结果等；将调查的结果逐项标注到现状平面图上，并作为基础资料保存；将调查的一些指标通过整理制成表格，内容简洁概要，但要说明一些问题。

现状分析是针对调查的结果进行分析，找出影响规划设计的问题点，同时提出相应的解决对策，确立基本的规划设计方针。

通过调查和资料整理后，经过反复的核实、分析和研究，便可以提出初步的规划设计原则，列出图纸名称、规格、数量，并制定出设计进度时间表，以便有计划、按步骤、准时地完成设计任务。

6.3.3 方案设计

在综合分析、研究了基础资料后，提出全面的规划设计原则及规划草图以供汇报、研讨，然后按下一程序进行工作。

（1）规划设计总体定位

规划设计总体定位主要包括规划设计要达到的目的、方法、设计可行性、设计内容、空间划分、主要树种的确定等。

（2）主要规划图纸内容

① 区位分析图　概括表示该小区的周边区域，为示意性图纸，要求一目了然。

② 现状分析图　根据规划设计原则、现状分析来确定小区绿地系统的构成，并针对每级绿地进行功能分区和空间划分，应该尽量使不同的空间反映不同的功能，使功能与形式成为一个统一体。另外，通过此图可以检查不同空间之间的关系。有的现状图是相对粗放、示意性的，可以用圆圈和抽象图形加以表示。

③ 竖向规划图　根据规划设计原则和功能分区图确定空间分隔、需遮挡的地方以及需要通透或开敞的地方；同时，还要确定主要园林建筑所在地点的高程及各区主要景点、广场的高程。

④ 道路系统规划图　根据规划设计原则、现状分析图、功能分区图和竖向规划图等，初步确定小区的入口、中心绿地、组团绿地、宅间绿地相互之间的联系道路系统以及主要道路的路面材料、铺装形式，并且通过此图检验竖向规划的合理性。

⑤ 总体规划方案图　根据规划设计原则，除竖向规划、道路系统规划等反映在图纸上以外，特别要将各区的设计因素，包括建筑、铺装、构筑物、山石、树丛、花带等轮廓性地表示在图纸上；通过此图检验竖向规划、道路系统规划的合理性，并解决功能分区中各设计因素之间的矛盾，避免各区景点发生重复和矛盾，以便决定取舍。

⑥ 种植规划图　根据规划设计原则、总体规划方案图，同时调查好苗木的来源，以确定小区绿化的基调树种，包括常绿树、落叶树、花灌木、花草等；另外还要确定不同地点的种植方式。

⑦ 管线规划图　根据规划设计原则，以总体规划方案图及种植规划图为依据，解决好园林造景、植物喷灌、浇灌等用水问题，包括引水方式、水的总用量、管网的大致分布、管径的大小、水压的高低等；同时还要考虑雨水与污水的水量、排水方式、管网的大致分布、管径的大小，以及污水的去处。

⑧ 电气规划图　根据规划设计原则，以总体规划方案图及种植规划图为依据，解决好园林造景、植物喷灌、亮化工程等用电问题，包括配电方式、用电总量等。

⑨ 园林建筑规划图　根据规划设计原则，分别画出各主要建筑小品的位置、立面图和主要观赏面的效果图，以便检查建筑风格是否统一，与周边环境是否协调。

（3）规划设计总说明

主要包括以下几个方面：位置、现状、面积；规划设计原则及指导思想；规划设计内容；功能分区；技术指标；管线电气说明；等等。

（4）估算

在规划设计方案完成后，设计者应该为甲方提供一份该小区绿地建设过程的估算，以便甲方对工程的投入做到心中有数。

小区绿地建设工程估算一般有两种方式：按总面积（公顷、平方米），根据规划设计内容的繁简程度，按每平方米造价进行估算；按工程所包含的项目、工程量，分项估算。

6.4　住宅小区绿地景观设计案例

6.4.1　前期分析

该项目位于贵州省凯里市，即黔东南苗族侗族自治州首府，是多民族聚集地，其历史文化悠久，民俗风情独特。凯里市位于贵州东部，是该区域的中心城市。项目用地位于凯里市永丰西路风雨桥西侧，距离凯里火车站6.5公里，交通便利，周边基础设施完善，邻近凯里市政府，以及苹果山公园、金泉湖等旅游景点（图6-8）。项目规划用地面积102705.95平方米（图6-9）。

图 6-8 区位分析图

图 6-9 项目前期分析

6.4.2 设计定位

建立可识别性;提高可到达性和可视性;打造价值倍增的空间布局。

6.4.3 总图设计

凯里是一片古老神奇、美丽富饶的绿色土地,有世界上最长、最宽的风雨桥和世界上最大的苗寨，拥有浓郁的民族风情和秀美的自然山水。古寨的街区空间、广场、宽街道、窄街道、庭院有机交织在一起，形成层次丰富的古寨空间。图腾散发着吉祥平和的力量，散落在园区之中，静默地凝望、聆听，给人以惬意之感。项目选择新中式风格以营造民族风情。临江住宅区绿地景观设计定位为，打造高品质、宜人的居住环境。总图设计如图 6-10 ～图 6-14 所示。

图 6-10　方案总平面图

图 6-11　功能分区图

图 6-12　景观分析图

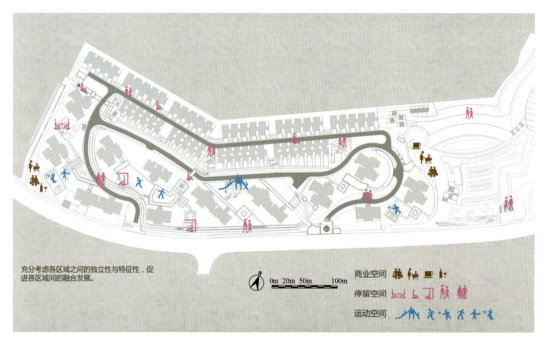

图 6-13　空间活动分析图

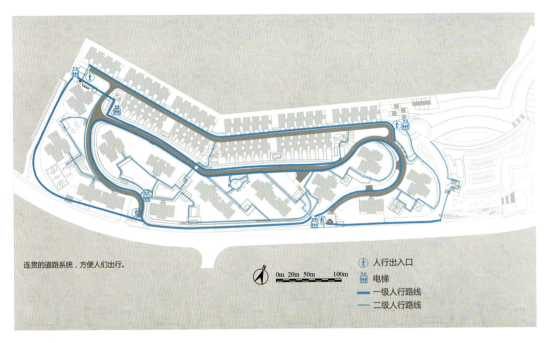

图 6-14　人行交通分析图

6.4.4　分区设计

各区设计图如图 6-15～图 6-18 所示。

图 6-15　主入口景观区

园林景观设计

图 6-16 亲子乐园区

图 6-17 特色景观区

01. 小区入口
02. 电梯
03. 次入口景观
04. 邻里会客厅
05. 特色景墙
06. 运动场
07. 观景台

图 6-18　休闲景观区

6.4.5　植物设计

　　春天是充满喜悦和万物生长的季节，在植物的颜色配置上应采用让人感觉有活力的、欢乐的色彩，充分烘托出春季花团锦簇、欣欣向荣的景观特征。夏季在植物的颜色配置上要使用表现清爽、恬静、安详、宁静、自由自在的色彩，绿色给人以清新、舒爽、闲适的清凉感。秋季的植物颜色要体现收获的喜悦、直率、灿烂、光彩，如金黄色、橙红色、红色等。冬季的植物色彩较少而且较单一，要体现出宁静、沉思、柔和、大度，因此常绿植物和观枝干的植物很重要。

　　本项目的植物设计遵循三个原则，即因地制宜、生态美观和经济适用。本项目地形比较复杂，所以根据不同的地形宜采用不同的种植形式。与城市道路结合的区域，采用多层次种植自然分隔带形成绿化屏障，减少外界干扰；相对平坦的区域打造为疏林草地，增强空间的活动性；对于地势多变的区域设计组团花境，增强空间的私密性；地势陡峭的区域开辟成花台，采用立体种植。尽可能增加绿量，打造城市里的山林，山林中的家。多种植大规格苗木和乡土树种，做到三季有花、冬季见绿。兼顾高、低、远、近、曲、直，使园林植物高低结合、错落有致。结合季节特点配置植物，使景观在各个季节展现不同的风貌，展现季节的魅力。适地适树，以乡土树种为主，选用适当规格和品种的外来引用树种作为补充，既要控制投资，也要达到效果。同时，全力开发植物群落的自然适宜性，发挥自然植物、生态景观的自我修复、调节功能，从而控制人工养护成本的投入。植物意向图如图 6-19～图 6-22 所示。

图 6-19 常绿乔木意向图

图 6-20 落叶乔木意向图

图 6-21 灌木意向图

图 6-22 地被意向图

模块 7 城市道路绿地设计

7.1 城市道路绿地的概述

▶ 微课 ◀
城市道路绿化设计
基础知识

城市道路绿地是城市道路及广场用地范围内可进行绿化的用地,包括道路绿带、交通岛绿地、广场绿地和停车场绿地。

7.1.1 城市道路绿地的功能

城市道路绿地是城市绿地系统中分布最广、服务范围最大、布局形式最为灵活的一种绿地形式,是城市绿地系统中的"点"和"线",它联系着城市绿地系统中其他形式和功能的绿地。它强调城市绿地的"三大效益",即生态效益、社会效益和经济效益,是在强调生态优先的前提下,建立节约型园林绿地,满足城市居民对美好生活的向往和追求,满足城市功能,树立城市形象,凸显城市特质,拉动城市经济,兼顾经济效益。

7.1.2 城市道路绿地的特点

城市道路绿地是城市绿地系统中不可分割的一部分,具有分布最广、服务范围最大、布局形式灵活多变、管理难度大等特点。

(1)分布最广

城市道路绿地随着城市道路的变化而变化,分布于城市的每一个角落,充分利用城市空隙地、死角地、边角地,见缝插针地进行营建,同时考虑植物的生长、植物对建筑的影响和植物后期的管理与养护等。

(2)服务范围最大

城市道路绿地分布于城市的每一个角落,尽管其单个的面积可能很小,但其总量特别大,服务于城市功能、城市居民的作用和范围也特别大。

(3)布局形式灵活多变

由于城市道路绿地是在充分利用城市空隙地、死角地、边角地,见缝插针地上进行营建的，因此其面积大小、地形地貌、周边环境、地上地下管网、功能特点是复杂多样的。在进行规划设计时只能因地制宜，不能千篇一律。应该采用灵活多变的设计形式，满足其要求。

（4）管理难度大

由于城市道路绿地的形式、功能多种多样，周边环境多样，人们的素养不同，绿地内的设施非常容易被破坏，因此城市道路绿地的管理特别困难，植物的养护管理也同样特别困难。

7.1.3　城市道路绿地的分类

城市道路绿地可分为道路绿带、交通岛绿地、广场绿地和停车场绿地。

（1）道路绿带

道路绿带指的是道路红线范围内的带状绿地，又可分为分车绿带、行道树绿带和路侧绿带。

分车绿带（图7-1）是车行道之间可以绿化的分隔带，位于上下行机动车道之间的为中间分车绿带；位于机动车道与非机动车道之间或同方向机动车道之间的为两侧分车绿带。行道树绿带（图7-2）是布设在人行道与车行道之间，以种植行道树为主的绿带。路侧绿带（图7-3）是在道路侧方，布设在人行道边缘至道路红线之间的绿带。

图7-1　分车绿带

图7-2　行道树绿带

图7-3　路侧绿带

（2）交通岛绿地

交通岛绿地是为控制车辆行驶方向和保障行人安全设置的装饰绿地。通过在交通岛周边的合理种植，可以强化交通岛外缘的线形，有利于诱导驾驶员的行车视线，特别是在雪天、雾天、雨天可弥补交通标线、标志的不足。

（3）广场绿地

指广场用地范围内的绿化用地，应根据各类广场的功能、规模和周边环境进行设计，广场绿化应利于人流、车流集散。

（4）停车场绿地

指停车场用地范围内的绿化用地，在停车间隔带中种植乔木可以更好地为停车场庇荫，不妨碍车辆停放，有效地避免车辆曝晒。

7.1.4 城市道路绿地的设计要点

（1）保证安全性

保证安全性是道路绿化景观设计的首要重点。为保证道路行车安全，道路绿化应符合行车视线和行车净空的要求。

首先是行车视线的要求。在4条城市道路相交的交叉路口中，为保证驾驶人员行车安全，能随时看到前方的道路和道路上出现的障碍，或迎面驶来的车辆，以便能采取安全措施，避免事故发生的最短距离，称为行车视距。场地道路最小停车视距为15米，交叉口司机最小通视视距为21米，由此确定建筑红线位置及视距三角形（图7-4）。在视距三角形中，1.2～2.0米高度范围内不得有阻挡司机视线的障碍物。

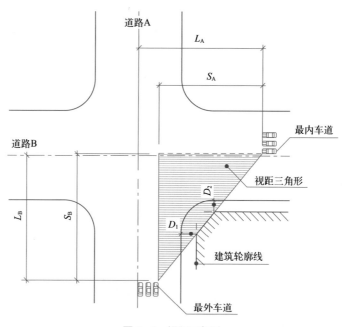

图7-4 视距三角形

L_A—道路A中心线到道路B停车视距的长度；

L_B—道路B中心线到道路A停车视距的长度；

S_A—视距三角形道路A边长度；

S_B—视距三角形道路B边长度；

D—交叉口后退距离

与此同时，还必须注意行车净空的要求，即在分车绿带和行道树绿带上方不宜设置架空线。必须设置时，应保证架空线下有不小于 9 米的树木生长空间。架空线下配置的乔木应选择开放型树冠或耐修剪的树种。车行、人行道两边树冠下至少留出足够的车人活动空间。树木枝下高度应符合行车净空的要求：小型汽车为 2.5 米；中型汽车为 3.5 米；载货汽车为 4.5 米。

（2）保障实用性

在选择道路绿地植物时，要根据本地区气候、土壤和地上地下环境条件选择适于该地生长的树木。既要做到识地识树，又要做到适地适树；既要详细了解植物特性和种植地情况，又要有针对性地设计、施工。

（3）保持稳定与特色

景观稳定性是指一个系统对干扰或扰动的反应能力，要达到很好的景观稳定性，应注意四季有景且季相变化明显。在景观特色性上，应做到一路一树、一路一花、一路一景观、一路一特色。

（4）保护生态环境

在选择道路绿地植物时，应最大限度地发挥道路绿地的生态功能和对环境的保护作用，同时保护道路绿地内的古树名木。

（5）近期和远期效果相结合

城市道路树木从栽植到形成较好的景观效果，一般需要十余年的时间，道路绿地规划设计也要有长远眼光，栽植树木不能经常更换、移植。近期与远期效果要有计划、有组织地周全安排，尤其要注意速生植物和慢长植物的合理搭配，使其既能尽快发挥功能作用，又能在树木生长壮年保持较好的形态效果，保证景观能快速见效且稳定性强，使近期与远期效果真正结合起来。

7.2 城市道路绿地景观设计原则及要点

7.2.1 城市道路绿地的植物景观设计原则

由于城市道路绿地环境的特殊性，其植物景观设计在遵循园林绿地艺术构图基本原理的基础上，还应该遵循因地制宜、适地适树、凸显城市地域性文化特质，形式与内容相统一，共性与个性相统一和满足城市功能需要等原则。

（1）因地制宜、适地适树

由于城市道路绿地的植物生长条件恶劣、光照强、水肥差、湿度低、温度高、土壤贫瘠、城市穿堂风大、人为破坏强、管理难度大等特殊性，树种选择应以乡土树种为主，也可适当采用在本地适应性强且不会危害本土植物的外来树种。根据该路段社会文化背景及植物污染性，选择抗性强、易于管理、病虫害少的树种。

（2）凸显城市地域性文化特质

同一道路的绿地应有统一的景观风格，不同路段的绿化形式可有所变化；同一路段上的各类绿带，在植物配置上应相互配合并应协调空间层次、树形组合、色彩搭配和季相变化的关系；园林景观路应与街景结合，配置观赏价值较高、有地方特色的树种；主干路应体现城市道路绿化景观的风貌；毗邻山河湖海的道路，其绿化应结合自然环境，突出自然景观特色。

注意城市市树、市花的运用；注意利用城市地域性文化进行绿地的文化景观主题设计；注意保护道路绿地内的古树名木。道路绿地沿线的古树名木可依据《城市绿化条例》和地方性法规或规定进行保留和保护。

（3）形式与内容相统一

城市道路绿地的设计布局形式可以多种多样，受内容、周边环境、地形地貌等主客观因素影响，其中起决定作用的是其内容，内容决定其形式。在城市干线，为表现和凸显城市形象，往往采用规则形式、自由形式设计；为加强城市街景，城市行道树采用行列式规则设计；在城市商业广场、步行街等体现城市形象处，采用规则或自由形式设计；街头绿地、路侧绿地则采用自然或自由形式设计。

（4）共性与个性相统一

每座城市有其独特的地域文化，每条街道也同样有其特质性的文化，同一条街道不同的地点也同样有其独特的文化内容。在设计时，应做到城市与城市之间、道路与道路之间、同一道路不同的地段之间有其个性化设计，做到重点与一般、共性与个性的统一。

（5）满足城市功能需要

由于城市道路绿地的地上地下分布许多市政工程设施，必须满足其检修需要；城市道路绿地必须满足其交通需要。

7.2.2　城市道路绿地的植物景观设计要点

（1）分车道绿化带

分车道绿化带的主要作用是分隔来往的车流。除此之外，分车绿带已成为现代城市的一条美丽的风景线，可缓解司机的视觉疲劳，使乘客在乘车过程中有景可观。

▶微课◀
城市道路绿化设计要点

分车道绿化带的宽度根据行车道的性质和道路的宽度而定，一般道路的分车带宽度为4.5～6米，最小分车带宽度为1.2～1.5米，高速公路分车带宽度可达5～20米。为便于行人通过，分车带应适当分段，一般为50～100米，根据实际情况与人行横道、公交站牌、商场和人流集散比较集中的公共建筑出入口相结合。分车道绿化带的植物配置应形式简洁，树形整齐，排列一致。乔木树干中心至机动车道路缘石外侧距离不宜小于0.75米。

中间分车道绿化带应阻挡相向行驶车辆的眩光，在距相邻机动车道路面高度0.6～1.5米之间的范围内，配置植物的树冠应常年枝叶茂密，其株距不得大于冠幅的5倍。

两侧分车道绿化带宽度大于或等于1.5米的，应以种植乔木为主，并应乔木、灌木、地被植物相结合。其两侧乔木树冠不宜在机动车道上方搭接。分车绿带宽度小于1.5米的，应以种植灌木为主，并与灌木、地被植物相结合。

被人行横道或道路出入口断开的分车绿带，其端部应采取通透式配置，即应种植草坪或低矮的花灌木，这样不会遮挡司机视线。

（2）行道树绿化带

行道树绿化带种植以行道树为主，常采用乔木、灌木、地被植物相结合的形式，形成连续的绿带。在行人较多的路段，行道树绿化带不能连续种植，行道树之间宜采用透气性路面铺装，便于行人通过。树池上可覆盖池箅子，增加透水性。行道树绿化带的宽度应根据道路的性质、类别、对绿地的功能要求以及立地条件等综合考虑而决定，一般不小于 1.5 米。

行道树种植方式一般有两种：树带式和树池式。树带式：在人行道与车行道之间留出一条不小于 1.5 米宽的种植带。在树带中铺设草坪或种植地被植物，不能有裸露的土壤。在适当的距离和位置留出一定量的铺装通道，便于行人往来。在道路交叉口视距三角形范围内，行道树绿化带应采用通透式配置。树池式：在交通量比较大、行人多而人行道又狭窄的道路上采用树池的方式。树池式行道树绿化带的优点是非常利于行人行走；缺点是营养面积小，不利于松土、施肥等管理工作，不利于树木生长。

树池边缘与人行道路面的关系：树池边缘高出人行道路面 8～10 厘米时，可减少行人践踏，保持土壤疏松，但不利于排水，容易造成积水。树池边缘和人行道路面相平时，便于行人行走，但树池内土壤易被行人踏实，影响水分渗透及空气流通，不利于树木生长。为解决此问题，可以在树池内放大鹅卵石，这样既保持地面平整、卫生，又可防止行人践踏造成土壤板结，景观效果也好。树池边缘低于人行道路面时，常在上面加盖池箅子，与路面相平，加大通行能力，行人在上面走不会踏实土壤，并且有利于雨水渗入，但不利于清扫和管理。

常用的树池形状有正方形（边长不小于 1.5 米）、圆形（直径不小于 1.5 米）、长方形（短边不小于 1.2 米，以 1.5 米 ×2.2 米为宜）。行道树定植株距应以行道树壮年期冠幅为准，最小种植株距应为 4 米。行道树树干中心至路缘石外侧最小距离宜为 1 米。行道树应选择胸径适当的树种：快长树不得小于 5 厘米，慢长树不宜小于 8 厘米。行道树树种选择的一般标准是：树冠冠幅大，枝叶密；抗性强，耐瘠薄土壤，耐寒，耐旱；寿命长；深根性；病虫害少；耐修剪；落果少，没有飞絮；发芽早，落叶晚。

（3）路侧绿地

路侧绿地是构成道路优美景观的可贵地段，应根据相邻用地性质、防护和景观要求进行设计，并应保持在路段内的连续与完整的景观效果。

路侧绿地宽度大于 8 米时，一般可设计成开放式绿地。内部铺设游步道和供短暂休息的设施，方便行人进入休憩，以提高绿地的功能和街景的艺术效果。但绿化用地面积不得小于该段绿带总面积的 70%。路侧绿地与毗邻的其他绿地一起辟为街旁游园时，其设计应符合现行行业标准的规定。

路侧绿地常见的有两种形式。一种是建筑线与道路红线重合，路侧绿地毗邻建筑布设。在建筑物或围墙的前面种植草皮、花卉、绿篱、灌木丛等，主要起美化装饰和隔离作用，一般行人不能入内。设计时要注意绿带种植不要影响建筑物通风和采光，如在建筑两窗间可采用丛状种植。绿带比较窄或朝北高层建筑物前局部小气候条件恶劣、地下管线多、绿化较困难的地带可用攀缘植物来绿化。另一种是建筑退让红线后，在道路红线外侧留出绿地，路侧绿地与道路红线外侧绿地结合。道路红线外侧绿地有街旁游园、宅旁绿地、公共建筑前绿地等。这些绿地虽不统计在道路绿化用地范围内，但能增加道路绿化的效果，因此一些新建道路往往要求和道路绿化一并设计。

7.2.3　城市道路绿地的树种选择原则

第一，应因地制宜，符合自然规律。树种选择和搭配应参照郊区野生植被中的趋势，根据不同的生态环境，因地制宜地进行规划选择。

第二，选择乡土树种，具有观赏价值、经济价值。树种选择要充分考虑植物地带性分布规律及特点。乡土树种对当地土壤、气候适应性强，有地方特色，应作为城市绿化的主要树种。生长在本地、适应性较强的外来树种也可选用。可以有计划地引用一些本地缺少，但能适应当地气候的、观赏价值高、经济价值高的树种，以后可获得木材、果品、油料、香料等经济收入。要注意对外来树种的驯化和试验，丰富景观。

第三，选择抗性强的树种。抗性强的树种指对城市工业排出的"三废"适应性强的树种，以及对土壤、气候、病虫害等不利因素适应性强的树种。其可有效改善空气质量，有利于人体健康。

第四，注意速生树与慢长树相结合。速生树早期绿化效果好，容易造景、成荫，但寿命短；慢生树早期生长缓慢，不易成形，城市绿化效果差，成形后观赏效果好。因此要采用速生树与慢长树相结合的种植方法，以速生树为主，搭配一些珍贵的慢生树，有计划地分批逐步过渡造景。

7.3　城市道路与广场绿地景观设计案例

▶ 微课 ◀
城市道路绿化设计案例

7.3.1　项目概况

岚霞路位于湖南省湘潭市，毗邻城步行商业街，北接岚园路，南临霞光西路，全长670米，绿化面积约3400平方米，硬质铺地约4500平方米，总计约7900平方米。周边的用地性质主要为医疗卫生用地、商业用地、文化娱乐用地、居住用地。

7.3.2　设计原则

考虑当地文化归属感，增加特色空间；强调人的参与性与互动性，以人为本的原则；根据道路性质与特点，在合适的地方适当增加可停留和交流的空间。

7.3.3　总体结构——一轴、三区段、多个景观节点

这是一个由开敞到半开敞、由城市至街区逐渐过渡的空间，并为市民提供独具品位的休闲漫步环境。商业环境以路面铺装、色彩处理的变化为设计重点，力求展示简洁大方、现代感强的CBD风格。在韵律极强的纵深空间中穿插冠形饱满、树干挺直的景观树种，点缀造型现代的花卉组合，结合局部的休息空间，形成一条唯美的视觉通廊，成为供人们购物、休闲观赏的都市风景线（图7-5）。

7.3.4　方案平面图

方案平面图如图7-6～图7-12所示。

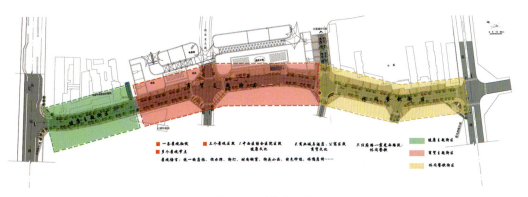

图 7-5 功能分区图

图 7-6 总平面图

图 7-7 标准段平面图

园林景观设计

图 7-8 局部放大平面图（一）

图7-9 局部放大平面图（二）

图7-10 局部放大平面图（三）

模块 7　城市道路绿地设计

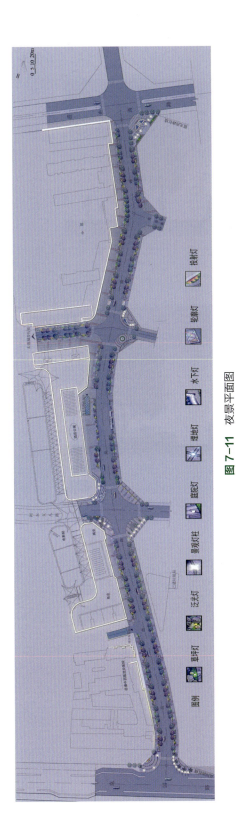

图 7-11　夜景平面图

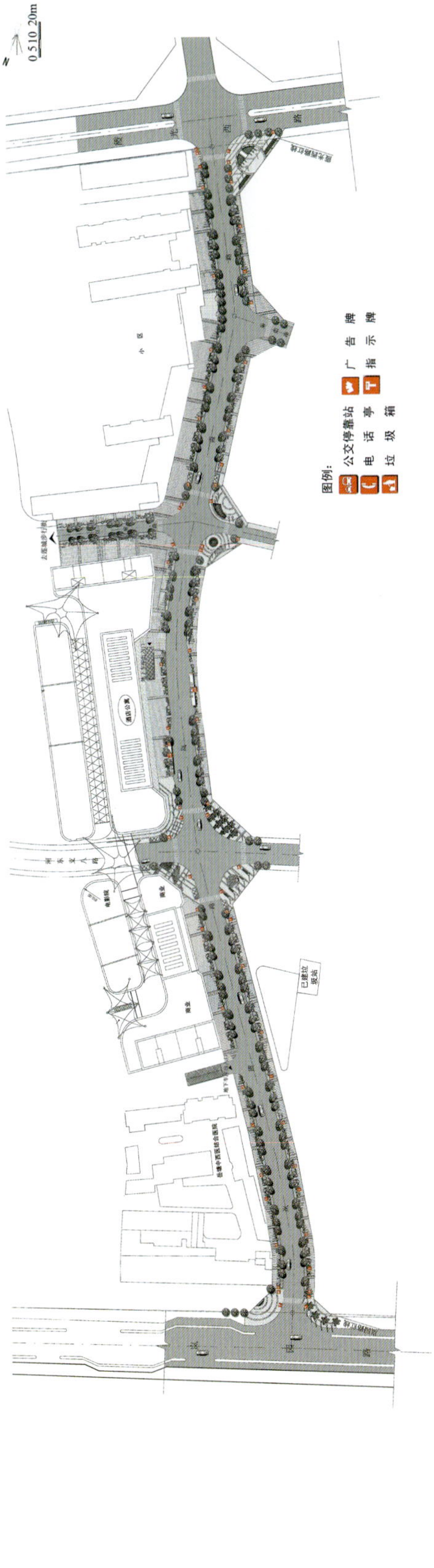

图 7-12　设施分布平面图

7.3.5 专项设计图

专项设计图如图 7-13 ～图 7-18 所示。

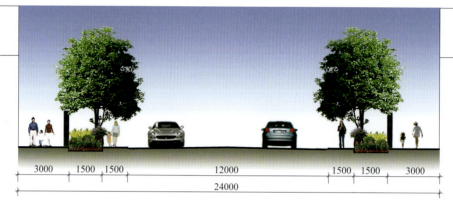

方案一 A-A 标准横断面一

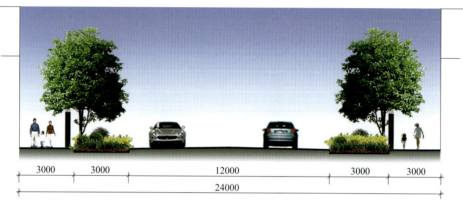

标准横断面二

图 7-13 横断面图（单位：毫米）

▶ 微课 ◀
城市广场设计

模块 7 城市道路绿地设计

■ **公共设施**

公共设施包括电话亭、垃圾桶、标志牌、休憩座椅等，方便人们日常生活之需。设计上强调现代、简洁，同时又有艺术性和趣味性，体现时代特征。

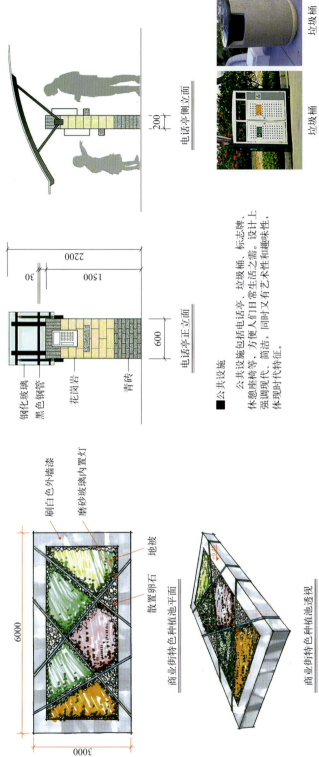

图 7-14 小品设施意向图（单位：毫米）

121

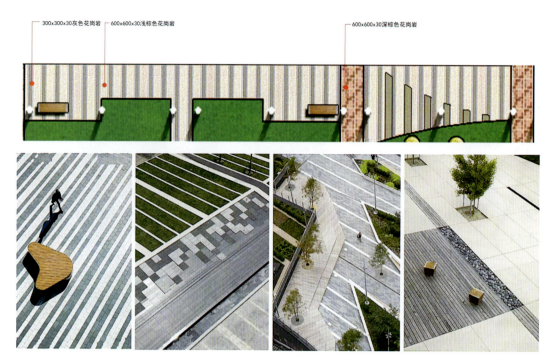

图 7-15 铺装意向图（单位：毫米）

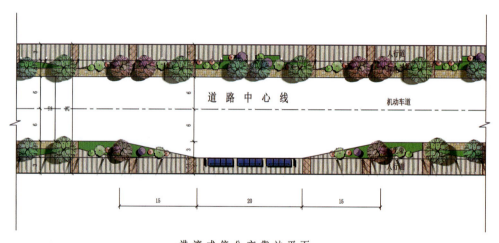

港湾式停公交靠站平面

图 7-16 公交候车站意向图（单位：毫米）

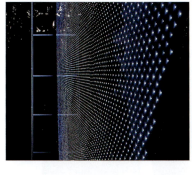

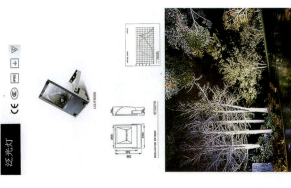

图7-17 灯具小品意向图（单位：毫米）

图7-18 植物意向图

模块 8
别墅庭院绿地设计

8.1 别墅庭院绿地的概述

▶微课◀
庭院设计风格

8.1.1 别墅庭院景观设计概述

别墅在《现代汉语词典》(第 7 版)中的定义为"在郊区或风景区建造的供休养或居住用的园林住宅"。中国最早的别墅叫别业,所谓别业的意思就是第二居所。古时,别业是供游玩休养的山水美宅。现在,别墅庭院是指除了别墅建筑以外的室外活动空间,而非开放空间,仅供一个家庭的成员们利用和欣赏,也就是设计者需要景观设计的区域。

随着庭院承担的功能、位置和意境不同,庭院在建筑或建筑群中的位置不同,庭院本身也有特定的称谓,如"前院""后院""侧院"等。前院一般和庭院主入口相连,它是从住宅庭院入口观赏住宅庭院景观的前景,同时这里也是到达住宅入口的一个过渡区域;后院一般是安排各种活动的空间,如聚散空间、储藏空间、就餐空间、园艺空间等,所以要精心组织,做好设计(图 8-1);侧院则是起到组织交通、连接前院和后院的作用,一般面积小,如图 8-2 所示。

图 8-1 别墅后院

图 8-2 别墅侧院

8.1.2 庭院景观设计要点

（1）庭院景观设计风格

在进行庭院景观设计时，风格的定位至关重要，它与建筑物是一脉相承的关系。也就是说，建筑物的风格其实也决定了庭院的风格。庭院的风格大概分为四种：中式（图8-3）、日式（图8-4）、法式和英式。庭院的样式可简单地分为规则式和自然式两大类，而庭院的基本样式是由别墅业主个人来决定的，这和个人的性格、爱好和身份等相关。由于每个业主的需求和家庭结构不同，所以设计的初衷是有针对性的、有个性的。这种个性化也是庭院空间发展的趋势。

图8-3 中式别墅庭院

图8-4 日式别墅庭院

（2）室内空间的延伸与发展

进入庭院就有一种强烈的归属感，它对外是封闭的，对内是开敞的。人们会在庭院内开展各种不同的活动，是一种精神享受。

（3）家庭成员不同的需求

家庭的生活结构也可以通过庭院的设计内容反映出来。例如，有小孩子的家庭可以铺设草坪，小孩子可以在上面玩耍；如果家中有人对植物养护感兴趣，尤其是老人，可以让他们在闲暇时间陶冶情操，打造有四季时令花草的美丽花园。

8.2 别墅庭院绿地景观设计原则及要点

8.2.1 别墅庭院植物配置的原则

（1）统一原则

植物配置时，植物的种类、色彩、线条、质地及比例都要有一定的差异和变化，显示多样性；同时，又要使它们围绕共同的主题，保持统一感，做到"形散而神不散"。要在统一中求变化，在变化中求统一。多样统一就是把庭院里的各个部分适当地组合在一起，让它们和谐有序，互相协调，产生美感。

（2）生态原则

在绿地植物配置中，应充分考虑物种的生态位特征，合理选配植物种类，避免物种间直接竞争，形成结构合理、功能健全、种群稳定的复层群落结构，从而有利于物种间互相补充，既充分利用环境资源，又能形成优美的景观。

（3）美学原则

植物配置应表现出植物的美感，体现出科学性与艺术性的和谐。这需要熟练掌握各种植物材料的观赏特性，并对整个群落的效果有整体把握，根据美学原理和人们对群落的观赏要求进行合理配置，同时对所营造的植物群落的动态变化和季节景观有较强的预见性，创造"四季景观"，提高观赏价值。

（4）协调原则

协调能使视觉稳定，不会因个别植物的突兀而破坏人们的雅兴。如可以在庭院的一边布置一棵大树，另一边放许多灌木进行协调；也可以将一个凉亭放在院子的一边，在另一边布置一棵大树来协调。

（5）色彩多样性原则

庭院的色彩不仅来自花卉，还有叶、果实、树干、树皮和建筑材料等各种各样的颜色。叶也分为不同的绿色，如墨绿、草绿、黄绿等。晚秋季节，不少树叶可能变成黄色、橙色及鲜艳的红色，有的则四季常青。庭院内植物应在不同季节显现不同色彩，每个季节都给人以不同的享受。

8.2.2 别墅庭院植物配置的要点

（1）乔、灌、地被、草合理搭配，层次丰富

在别墅庭院植物配置中，在植物空间受限制或者营造某种意境的情况下，可采用单层栽植，在合适的尺度下尽可能地让乔、灌、地被、草组合搭配，形成高低错落、层次丰富的植物组团。

（2）展现季相景观

现代园林植物景观已不仅局限于满足实用功能，还需要创造美的表现，令人赏心悦目、心情愉快。如人们希望春季万花锦绣，夏季郁郁葱葱，不同的季节人们有不同的审美要求和观赏需求。所以植物配置必须抓住人们微妙的心理变化和需求，通过营造不同的季相变化植物景观，满足人们的审美要求及人们对美好事物的心理需求，让人们在审美过程中调节情绪、陶冶情操。

（3）空间开合有致，造景手法处理得当

庭院植物可以将庭院空间进行很好的划分，可以利用地被和灌木划分出人在庭院中的活动空间，也可用植物营造出开放空间、半封闭空间、封闭空间，不同的空间划分给人带来不同的空间感受。庭院植物配置时，可留出适当的草坪区域，供人休憩玩耍，也可增加庭院空间感。乔木、灌木尽量靠庭院边界栽植，有利于庭院围合和庭院空间使用。

在庭院植物设计中，植物造景手法主要为对景、障景、框景、借景等。要做好别墅庭院植物配置，最重要的是对景的处理。其次为障景的处理，庭院中有部分需要遮蔽的景观，如隔壁院子的围栏、不太美观的墙面、空调机箱等，需要用植物绿篱或植物多层次组团对其进行遮挡，同时也可利用植物对庭院边界进行围合，从庭院外对内形成障景，使庭院形成较为私密的空间。

（4）植物的色彩、品种有所呼应

庭院中植物的色彩使用，应当有所呼应，不应杂乱无章地填塞各类颜色的植物，如在别墅前院中使用银杏，在后院中也可用黄色叶植物与前院植物相呼应。开花类植物也是如此，花色在庭院中不同位置应当有所呼应，在别墅庭院景观营造过程中，利用色彩的重复，达到五彩斑斓、引人入胜的景观效果。

（5）选用优质的庭院主景植物

经过设计的植物空间通常都有主景，而且大多以观赏价值高的乔木或灌木为主景。若别墅庭院面积大，则以乔木作为主景，采用孤植或植物组合的方式。若别墅庭院面积小，则采用株型优美的小乔木或大灌木园林植物作为主景植物。庭院主景的植物一般具有独特的姿态，如虬曲的龙爪槐、妖娆的西府海棠等；拥有迷人的色彩，如银杏、红枫、鸡爪槭等；具有特色的叶形，如马褂木、乌桕、紫荆等。相比单干乔木而言，丛生乔木枝干、树形更有独特性与观赏价值，也与公园、街道等单干乔木区分开来。植物也可以与构筑物、景观小品、山石结合成为主景。

（6）满足功能需求，注重文化意境塑造

在别墅庭院植物景观设计时，应以满足居住者需求为前提。居住者对植物的需求一般为庭院夏季遮阴、营造庭院私密性、对植物的观赏需求等。满足这些需求可以通过植物栽植位置和植物栽植方式解决，如在庭院休闲区旁边栽植大乔木，树冠投下的阴影可以为在休闲区座谈交流的人提供阴凉；在庭院边界，通过配置乔、灌、草植物或高于1.6米的绿篱植物，遮挡人的视线，营造庭院私密空间。

庭院的设计一般是按照居住者的意愿而营造的，反映出居住者的文化、思想和喜好。不同的业主对庭院文化的诉求是不同的，目前较有代表性的庭院文化主要为中式传统文化和日式禅意文化。不同的文化意境在植物选择和植物配置方式上有很大差异，应根据业主不同的需求来打造庭院文化底蕴，如图8-5、图8-6所示。

图8-5 别墅庭院植物配置

图8-6 别墅庭院花园与小品

8.3 别墅庭院绿地景观设计案例

湖南某地区的别墅庭院如图 8-7 所示，庭院的北面、西面和东面为农田，南面为主要道路。庭院总面积约为 2000 平方米，庭院主入口在南面，入户门在建筑的东面，庭院的主体设计区域在庭院东面。

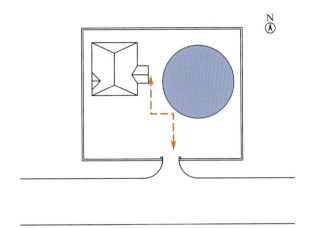

图 8-7　别墅庭院现状分析图

8.3.1　确定设计内容

老人：看书、垂钓、田园生活——亭子、水体、菜地、果林、花境。
小孩：亲子活动（中学、小学）——草坪、小硬质广场。
业主本人：私人生活、田园生活——休憩亭、果林、花境。

8.3.2　基本构思

庭院"无一时一刻不适耳目之观，无一物一丝不备家常之用者也"。设计在传承中国传统山水园林的基础上，结合现代造园手法建造新山水庭院，用现代手法来书写田园情怀，用山、水、竹、鱼的诗意情结，创造归、心、居、舍的生活场景。别墅庭院构思分析图如图 8-8 所示。

图 8-8　别墅庭院构思分析图

8.3.3 总平面图

总平面中的功能分区、景点布置、道路设计和植物设计都跟设计构思相符合，很好地契合了主题，如图 8-9 所示。

A 停车位　　B 清竹径　　C 桃花谷　　D 清悦山　　E 清风亭
F 清画墙　　G 景观菜地　H 清果林　　I 可食花境　J 清欢墙

图 8-9　别墅庭院平面图

8.3.4 功能分区图

庭院一共分为五个区，分别为入口区、休闲观赏区、农事劳作区、可食花境区和过渡区域。场地中的主要景点、次要景点、入口和过渡区域通过道路相连，方便合理，如图 8-10 所示。

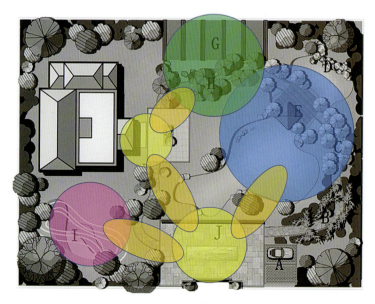

图 8-10　别墅庭院功能分区图

8.3.5 空间分析图

庭院通过植物和小品围合出不同的空间类型,步移景异,使人产生不同的心理感受。入口区、可食花境区是半开放空间,农事劳作区是封闭空间,休闲观赏区是开放空间,均通过封闭的过渡空间联系,如图 8-11 所示。

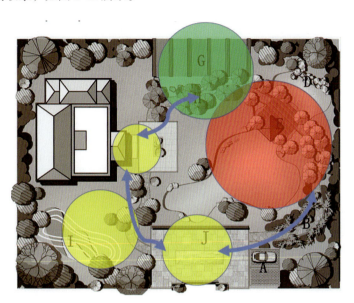

图 8-11 别墅庭院空间分析图

8.3.6 视线分析图

清风亭在场地中为了能借景庭院外的乡村田园景观,利用天然石头抬高基座,让人在庭院就能欣赏田园风光;另外,庭院的角落利用地形和假山进行围合,以营造相对封闭和私密的私人环境,如图 8-12 所示。

图 8-12 别墅庭院视线分析图

鸟瞰图和局部效果图如图 8-13、图 8-14 所示。

图 8-13　别墅庭院鸟瞰图

图 8-14　别墅庭院局部效果图

模块 9
屋顶花园设计

9.1 屋顶花园的概述

9.1.1 屋顶花园的概念

屋顶花园可以广泛地理解为在各类建筑物或构筑物等的屋顶、平台、阳台、窗台、女儿墙和墙面等开辟的绿化场地，有条件的设置地形和水体、营造小品、布置园路并种植树木花草，使之有园林艺术的感染力。它与露地造园和植物种植的最大区别在于，把植物种植于人工的建筑物或者构筑物之上，种植土壤不与大地土壤相连。

9.1.2 屋顶花园的功能和特点

（1）屋顶花园的功能

① 节水与储水　屋顶花园作为一种新型绿化系统，可以与城市的储水系统相结合，不仅能够缓解旱季的干旱，还能对水源进行储存和过滤，用于植物的灌溉。在屋顶花园中，植物的根系和树冠也起着贮存水源的作用，如果屋顶花园可以在城市中大范围应用，既能够减轻排水压力，又能为城市节约很多水资源（图9-1）。

图 9-1　屋顶花园的节水与储水

② 延长屋顶使用寿命　实践可以证实，屋顶进行绿化的建筑的寿命明显比不进行绿化的建筑的寿命长很多，因为屋顶花园的建设不仅能调解室内外的温差，而且能对建筑产生隔热作用，使建筑不处于直接曝晒的状态，从而延长了使用寿命（图9-2）。

图9-2　延长屋顶使用寿命

③ 改善城市生态环境　建造屋顶花园不仅可以增加城市的绿化面积，而且还能改善城市的生态环境。

a. 调节气温和湿度。屋顶花园可以有效缓解城市的热岛效应，减少太阳辐射强度。由于植物的蒸腾作用，可以提高空气的湿度（图9-3）。

图9-3　调节气温和湿度

b. 形成局部环流。植物的种植增加了屋顶的粗糙度，可以降低风速。同时，由于绿化具有降温作用，使气压在同一高度的水平方向产生气压梯度，形成局部环流（图9-4）。

图9-4　形成局部环流

c. 减弱光线反射。植物覆盖屋顶建材，使原本的屋顶材料在强烈阳光照射下反射刺目的眩光得以缓解，减少对人们视力的损害。

d. 减轻城市环境污染。屋顶花园中的植物与地面植物一样，具有吸收二氧化碳、释放氧气、吸附有害气体、净化空气、吸附灰尘等作用。

④ 景观作用　屋顶花园在为人们提供休闲空间时，也影响着人们的生理和心理。屋顶花园不仅能从形式上起到美化城市空间的作用，还能使空间环境具有某种气氛和意境，满足人们的精神要求，使人们的精神得到放松（图9-5）。

图9-5　景观作用

（2）屋顶花园的特点

① 植物生存条件差　屋顶花园是在完全人工化的环境中栽植树木，采用客土、人工灌溉系统为树木提供必要的生长条件。在屋顶营造花园，由于受到载荷的限制，不可能有很深的土壤，因此屋顶花园的环境特点主要表现为土层薄、营养物质少、缺少水分；同时屋顶风大，阳光直射强烈，夏季温度较高，冬季寒冷，昼夜温差变化大。

② 受屋顶载荷限制　由于建筑结构的制约，屋顶花园的载荷只能控制在一定范围内，土壤厚度不能超过载荷标准，因此制约了植物的选择，影响植物根系生长，并使植物容易缺水。

③ 建设和养护困难　由于屋顶绿化的工作面在屋顶上，施工人员要对建筑物的构架特征比较清楚，凭借丰富的施工经验，依据严密的数据考测，确定最佳的施工方案。因此，要在深刻认识屋顶绿化各项施工工艺的基础上安全、合理、细致地进行施工，防渗、隔根、排水等都需要专门的技术。

屋顶花园建成后的养护，主要是指花园主体景物中的各种草坪、地被、花木的养护，屋顶上的水电设施管理，以及屋顶防水、排水等工作。

9.1.3　屋顶花园的分类

（1）按照使用功能分类

① 公共游憩型　该类屋顶花园为国内外主要形式之一，除了有绿化效益外，其主要目的是为工作和生活在该建筑物内的人们提供室外活动的场所（图9-6）。

图 9-6 公共游憩型

② 营利型　该类屋顶花园多用于涉外和星级宾馆、酒店，为顾客增设游乐环境，提供夜生活场所，开办露天舞会、茶会等，以招揽游客、取得经济效益为宗旨。这类花园一般设备繁杂、功能多、投资大、档次高（图 9-7）。

图 9-7 营利型

③ 家庭型　该类屋顶花园多用于阶梯式住宅和别墅式居住场所，在自己的天台或露台上建造小型花园，一般不设园林小品，仅以养花种草为主（图 9-8）。

图 9-8 家庭型

④ 科研型　该类屋顶花园以科学生产、研究为主要目的，多用于科学研究以及进行瓜果蔬菜的栽培试验（图 9-9）。

图 9-9　科研型

（2）按照建造形式与使用年限分类

① 长久型　在较大屋顶空间进行直接种植的长久性园林绿化。

② 临时型　对屋顶空间进行简易的容器绿化，可以随时对绿化内容与形式进行调整。根据容器绿化是否具备配套性又进一步分为配套设置型与简易设置型。

（3）按照屋顶绿化的内容与形式分类

依照屋顶花园的内容与形式，把屋顶花园分为屋顶草坪、屋顶菜园、屋顶果园、屋顶稻田、屋顶花架、屋顶运动广场、屋顶花园、屋顶盆栽盆景园、屋顶水池、屋顶生态型园林、斜坡屋顶绿化等。

另外，日本近几年还出现了屋顶茶道园林、屋顶宗教园林、屋顶墓园等新型的屋顶花园形式。

9.2　屋顶花园的设计原则及要点

9.2.1　屋顶花园设计

（1）指导思想

充分地把地方文化融入园林景观和园林空间中；结合屋顶对园林植物的影响来选择园林植物；运用不同的造园手法来创造一个源于自然而高于自然的园林景观；以人为本，充分考虑人的心理、人的行为，来进行屋顶花园的规划设计。

（2）设计原则

屋顶花园成败的关键在于减轻屋顶荷载、改良种植土、选择屋顶结构类型和植物类型以及植物设计等问题。设计时要做到：以植物造景为主，把生态功能放在首位；确保营建屋顶花园所增加的荷重不超过建筑结构的承重能力，屋面防水结构能安全使用，如以防腐木地板为主的屋顶花园（图 9-10）；因为屋顶花园相对于地面的公园、游园等绿地来讲面积较小，所以必须精心设计，才能取得较为理想的艺术效果；尽量降低造价，从现有条件来看，只有较为合理的造价，才可使屋顶花园得到普及而遍地开花。

图 9-10　以防腐木材为主的屋顶花园

（3）总体布局

屋顶花园的形式同园林本身的布局形式是相同的，设计上仍然分为自然式、规则式和混合式。

① 自然式园林布局　一般采取自然式园林的布局手法，园林空间的组织、地形地貌的处理、植物配置等均以自然的手法，以求一种连续的自然景观组合。植物配置讲究植物的自然形态与建筑、山水、色彩的协调配合关系，讲究树木、花卉的四时生态、高矮搭配、疏密有致，追求的是色彩变化、丰富层次和较多的景观轮廓（图 9-11）。

图 9-11　自然式园林布局

② 规则式园林布局　规则式布局注重的是装饰性的景观效果，强调动态与秩序的变化。植物配置上形成规则的、有层次的、交替的组合，表现出庄重、典雅、宏大的风格，多采用不同色彩的植物搭配，景观效果更为醒目。屋顶花园在规则式布局中，点缀精巧的小品，结合植物图案，常常使不大的屋顶空间变为景观丰富、视野开阔的区域（图 9-12）。

图 9-12 规则式园林布局

③ 混合式园林布局　混合式布局注重自然与规则的协调与统一，求得景观的共融性，自然式与规则式的特点都有，又都自成一体。其空间构成在点的变化中形成多样的统一，不强调景观的连续，更多地注意个性的变化。混合式布局在屋顶花园中使用较多（图 9-13）。

图 9-13 混合式园林布局

9.2.2 屋顶花园植物景观设计原则

（1）选择耐旱、耐寒的植物

由于屋顶花园的夏季温度高、保湿能力差、冬季温度低，所以应选择耐旱、耐寒的植物。而且考虑到屋顶的防水和承重问题，应选择生长慢的、矮小的植物。

（2）选择喜阳、耐贫瘠的植物

屋顶花园的日照时间比较长、光照强度大，所以应尽量选择喜阳植物，但在一些日照时间短的地方也要考虑选择耐阴的植物。屋顶花园为防止屋顶建筑结构受到破坏，应选择浅根系的植物品种。屋顶花园的土壤层比较浅，需要选择耐贫瘠的植物。

（3）选择抗风、耐积水的植物

屋顶上的风力一般比地面大，而且屋顶花园的种植层比较薄，植物在这种情形下容易遭到破坏。所以应选择一些抗风、耐积水的植物。

（4）尽量选用乡土植物，适当引进绿化新品种

乡土植物比较适合当地的种植环境和气候，在屋顶花园相对恶劣的环境下，选用乡土植物有事半功倍的效果。同时，考虑到屋顶花园的面积一般较小，为将其布置得较为精致，可选用一些观赏价值较高的新品种，以提高屋顶花园的档次。

9.2.3　屋顶花园设计应注意的问题

（1）抗风性

如果要在屋顶花园设计园林建筑和小品，必须考虑屋顶所受的风力。因为在屋顶没有条件将基础埋得很深，需放大基础来解决屋顶风力较大的问题。

（2）排水

如果屋顶花园的雨水无法迅速从排水口排出，就会导致屋顶积水，使防水层遭到破坏，这样屋面就会积水，屋顶植物可能会被淹死。所以进行屋顶花园设计时要考虑屋顶的排水问题，屋顶需要铺设专用的排水板，既能蓄水又能保持屋顶植物的需水。

（3）荷载

进行屋顶花园的设计前要考虑屋顶的承载力问题，如果设计的重量超过建筑顶部的荷载，将会使建筑处于危险状态。因此，在进行屋顶花园设计时要考虑屋顶的荷载，进而考虑种植土的厚度、种植树的大小，还要考虑建筑物、小品的重量等。

（4）植物根系

屋顶花园的植物根系的生长会对屋顶的结构造成破坏，所以在进行屋顶花园建设时，必须引导和限制植物根系的生长。否则，植物根系穿透防水层会造成防水功能的破坏，植物根系穿透结构层也会造成严重的结构破坏。

9.3　屋顶花园景观设计案例

9.3.1　项目概况

泰国芭提雅希尔顿酒店由泰国知名建筑事务所 Department of Architecture 所设计，其项目建立在一个巨大的购物中心之上，在建筑的第 16 层建有酒店花园。芭提雅希尔顿酒店屋顶花园是现代化设计与传统东南亚设计风格的碰撞，体现古典美学与现代艺术的融合，简洁、大方，其屋顶花园为客人打造了一个安静舒适的休息环境。

9.3.2　设计要点

芭提雅希尔顿酒店屋顶天窗巨大，且处于屋顶中央。由于天窗为购物中心采光而设计，因此不能承受任何重量，更不能作为花园的部分加以利用。设计中利用沙子庭院和绿色植被来掩盖天窗,并在顶上增加一层花园,延伸健身房和洗手间的屋顶,直接与酒店连接起来(图 9-14、图 9-15)。

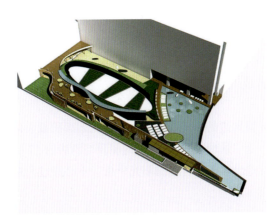

图 9-14　泰国芭提雅希尔顿酒店屋顶花园设计图

图 9-15　泰国芭提雅希尔顿酒店屋顶花园鸟瞰图

　　酒店的一大特色就是无边泳池运用简洁流畅的曲线形式来表达,将泳池分为成人游泳池和儿童游泳池,还有供人娱乐休闲的戏水池及使人舒适放松的水力按摩池。在泳池设计中,结合鱼群在海底畅游的形象特点,特意在池底加入了发亮的光纤,使泳池在晚上会出现发光鱼群或是星空的景象(图 9-16)。位于屋顶边缘的泳池被设计成一个无边泳池,视觉上感觉水面无限延伸到大海(图 9-17)。最终,设计师在这样的场地上成功建造出一个都市的静心地。

图 9-16　屋顶花园游泳池发亮的光纤

图 9-17　屋顶花园无边游泳池

9.3.3 屋顶花园组成部分

（1）沙地

酒店大堂位于建筑的第 16 层上。当入住的客人走出电梯时，他们首先看到的是一处沙地。屋顶花园在设计中只应用了两种材料：沙子和绿地。之所以选用沙子，是源于其与大海、海滩之间的联系。当中国农历新年到来的时候，这里会打造很多红色的中国元素；而 12 月的时候，这里又会营造出圣诞节的氛围。

（2）阳光甲板

就像前面提到的，天窗周边的空间有限。为了使花园面积最大化，设计师还在健身房和洗手间的上方新开辟了一处"景观层"。其延伸的屋顶与酒店的 17 层连在一起，也就是酒店大堂上方的一层。最终打造出了大小合适的阳光甲板。不必穿过大堂，客人可以直接走到屋顶花园的水池边（图 9-18）。

图 9-18　屋顶花园阳光甲板

（3）水池

无边泳池一直延伸到屋顶边缘，会使人们产生水池与下面的大海融为一体的错觉。这一大片水域融合了小型健身游泳池、戏水区、按摩浴池及儿童游泳区等诸多功能。设计师从会发光的鱼中汲取了灵感，在水池底部设置了纤维光学照明设施。这样，当夜幕降临时，水域闪闪发光，就像闪烁的星空一般（图 9-19）。

图 9-19　屋顶花园水池

（4）植物设计

在种植植物方面，从附近的苗圃选择了本土植物。在天窗周边种植了草海桐、鸡蛋花和槟榔以遮掩不美观的部分（图 9-20）。在按摩池区域种植了葫芦树（图 9-21），以营造一种水上雕塑的效果，同时还可以为游泳者遮阴和营造私密空间。排烟墙顶部设计了荷花池（图 9-22），选择了两个荷花品种，一种早上开花，另一种夜间开花。

图 9-20　鸡蛋花和槟榔　　　　图 9-21　葫芦树　　　　图 9-22　荷花池

模块 10
小型环境景观设计案例

10.1 单位附属绿地

案例一：东莞市城市管理和综合执法局内院景观设计

具体设计图如图 10-1～图 10-6 所示。

图 10-1 东莞市城市管理和综合执法局内院景观

图 10-2 垂直绿化墙面装饰方案

图 10-3 墙边绿化提升效果图（一）

图 10-4　墙边绿化提升效果图（二）

图 10-5　园内围墙装饰方案

图 10-6　内院入口左边围墙效果图

10.2 住宅小区绿地

案例二：桂鹏世纪城项目园林景观设计

具体设计图如图 10-7～图 10-18 所示。

图 10-7　桂鹏世纪城项目园林景观

图 10-8　C1 区景观

图 10-9　C1 入口门楼效果图

图 10-10　C1 迎宾大道效果图

图 10-11　C1 效果图

图 10-12　C1 阳光草坪效果图

图 10-13　C1 中央会客厅效果图

图 10-14　C1 儿童乐园效果图

图 10-15　C1 休闲平台效果图

图 10-16　C1 入口广场铺装详图（单位：毫米）

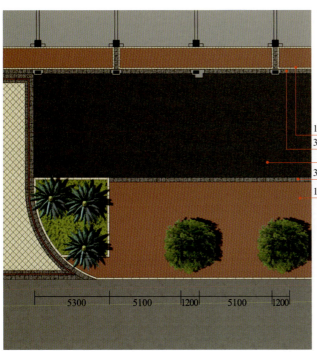

图 10-17　C1 商业街铺装详图（单位：毫米）

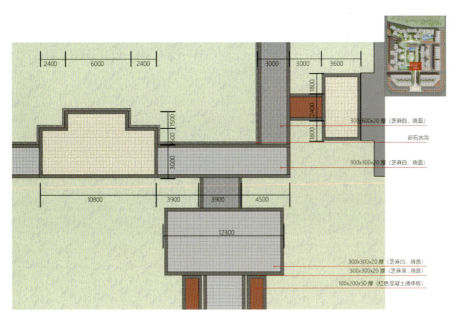

图 10-18　C1 节点铺装详图（单位：毫米）

10.3 市政小广场（小游园）绿地

▶ 微课 ◀
小游园设计

案例三：东莞市南城街道三元里社区公园设计

具体设计图如图 10-19 ～图 10-26 所示。

■ **总体设计**
■ **设计原则**

四大原则：

| 以人为本 | 文化相宜 | 城市美学 | 绿色生态 |

| 设计中充分考虑人的情感、心理及生理的需要，落实在休息区、座椅尺度、跑道、坡道等细部设施的规划设计中，使社区景观真正成为大众所喜爱的休闲、游憩场所 | 文化是一个空间的精神内涵所在，设计挖掘和提炼三元里地方特色的人物和物件，以适宜的景观处理表现在景观意象中，重视当地居民的文化认同感 | 由构筑物、地形、植物、小品等多种要素组成的综合景观体，这些组成要素应当遵循变化与统一、对比与和谐，以及相关的比例、节奏、韵律等美学原则 | 遵循生态优先的设计理念，充分尊重场地特点，生态种植，适地适树，最大限度地建设生态性、现代性、可持续性的植物景观 |

图 10-19　设计原则

■ **详细设计**
■ **彩色平面图**

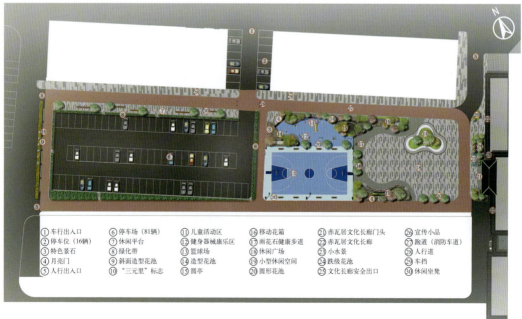

① 车行出入口　⑥ 停车场（81辆）　⑪ 儿童活动区　⑯ 移动花箱　㉑ 赤瓦居文化长廊门头　㉖ 宣传小品
② 停车位（16辆）　⑦ 休闲平台　⑫ 健身器械康乐区　⑰ 雨花石健康步道　㉒ 赤瓦居文化长廊　㉗ 跑道（消防车道）
③ 特色景石　⑧ 绿化带　⑬ 篮球场　⑱ 休闲广场　㉓ 小水景　㉘ 人行道
④ 月亮门　⑨ 斜面造型花池　⑭ 造型花池　⑲ 小型休闲空间　㉔ 跌级花池　㉙ 车挡
⑤ 人行出入口　⑩ "三元里"标志　⑮ 圆亭　⑳ 圆形花池　㉕ 文化长廊安全出口　㉚ 休闲坐凳

图 10-20　彩色平面图

■ 详细设计
■ 鸟瞰图

图 10-21 鸟瞰图（一）

■ 详细设计
■ 鸟瞰图

图 10-22 鸟瞰图（二）

园林景观设计

■ 详细设计
■ 效果图

图 10-23　效果图（一）

■ 详细设计
■ 效果图

图 10-24　效果图（二）

■ 详细设计
■ 效果图

图 10-25　效果图（三）

■ 详细设计
■ 效果图

图 10-26　效果图（四）

10.4 别墅庭院绿地

案例四：广西马山别墅景观设计

具体设计图如图 10-27～图 10-35 所示。

图 10-27　设计理念

选择现代新中式风格
以营造民族风情的景观为目标定位
打造高品质的、宜人的居住环境

图 10-28　设计主题

模块10 小型环境景观设计案例

总平图

图10-29 总平面图（一）

总平图

景观标注：
- ① 入口门楼
- ② 门卫室
- ③ 主景屏风墙
- ④ 景观围墙
- ⑤ 景观石
- ⑥ 篮球场（半场）
- ⑦ 福道
- ⑧ 福禄岛
- ⑨ 风水人工湖
- ⑩ 景观平台
- ⑪ 庭院广场
- ⑫ 造型罗汉松
- ⑬ 休闲廊
- ⑭ 休闲广场
- ⑮ 阳光草地
- ⑯ 成人儿童泳池
- ⑰ 悦心亭
- ⑱ 更衣室
- ⑲ 溪月亭
- ⑳ 茶室
- ㉑ 酒品陈列室
- ㉒ 时光廊
- ㉓ 印象廊
- ㉔ 假山、水净化池
- ㉕ 叠层小溪
- ㉖ 酒窖区
- ㉗ 园路
- ㉘ 拱桥
- ㉙ 古泉
- ㉚ 车行道
- ㉛ 次入口
- ㉜ 停车场区

图10-30 总平面图（二）

图 10-31 鸟瞰图（一）

图 10-32 鸟瞰图（二）

图 10-33　水域景观区——景观风水池效果图

图 10-34　水域景观区——古泉水景效果图

图 10-35　特色景观区——溪月亭效果图

10.5　屋顶花园及其他绿地

案例五：悦江酒店内庭景观设计

项目位于湖南省长沙市湘江之滨、岳麓山之北的毛泽东文学院内，距离岳麓山与橘子洲的直线距离均为 6 公里左右。整体构思：以山水格局为立意，借鉴书法神韵进行构图，按场地功能安排布局。融入长沙的山水格局，营造自然山水的韵味。具体设计图如图 10-36～图 10-45 所示。

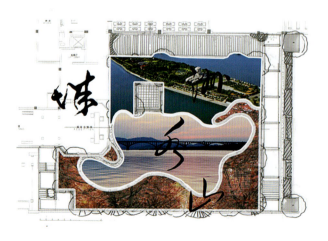

洲——流动的自然肌理

水——灵动的湘江韵味

山——岳麓山枫叶秋景

城（成）——有山有水，周边成城，也寓意成功和成就

图 10-36　山水格局

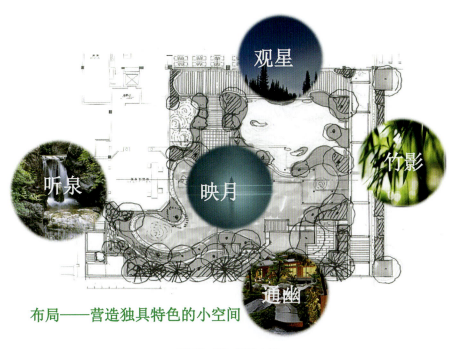

布局——营造独具特色的小空间

图 10-37 场地功能

图 10-38 方案草图

图 10-39
空间效果图（一）

图 10-40
空间效果图（二）

图 10-41
空间效果图（三）

模块 10　小型环境景观设计案例

图 10-42
空间效果图（四）

图 10-43
空间效果图（五）

图 10-44
空间效果图（六）

163

园林景观设计

图 10-45　竣工现场效果

模块 11
设计后期工程协调

11.1 施工现场交底

11.1.1 设计技术交底的作用

在景观工程施工过程中,设计技术交底对参与工程施工操作的每一个技术人员具有十分重要的作用。通过技术交底,可以了解自己所要完成的分部、分项工程的具体工作内容、操作方法、施工工艺、质量标准和安全注意事项等,使施工人员任务明确、心中有数;通过技术交底,各工种之间配合协作和工序交接井井有条,达到有序施工、减少各种质量通病、提高景观施工质量的目的。

11.1.2 技术交底会议的基本内容

(1) 施工技术交底

① 施工技术交底的内容 业主拿到景观施工设计图纸后,会联系监理方、施工方进行看图和读图。看图属于总体上的把握,读图属于具体设计节点与详图的理解。施工图设计交底会通常由业主牵头,组织设计方、监理方、施工方进行。在施工图设计交底会上,业主、监理、施工各方提出看图后所发现的问题,各专业设计人员将各自对应本专业问题进行答疑。一般情况下,业主方的问题多涉及总体上的协调、衔接;监理方、施工方的问题常提及设计节点、大样的具体实施,双方侧重点不同。由于上述三方是有备而来,并且涉及的问题往往是施工中的关键节点,因而设计方在交底会前要充分准备,会上要尽量结合设计图纸当场答复,现场不能回答的,回去考虑后尽快作出答复。

设计单位景观设计师向施工负责人进行技术交底的内容应包括以下四个主要方面:工程概况、各项技术经济指标和要求;设计图纸的具体要求和做法;特殊工程部位的技术处理细节及注意事项;新技术、新工艺、新材料等施工技术要求、实施方案及注意事项。

② 实际操作过程的要求

a. 内容详尽。景观施工技术交底内容是施工图纸的全面反映，不能有遗漏和缺项现象，应覆盖整个施工过程，包括工序的衔接、每道工序内操作工艺的配套步骤等。其效果必须达到施工人员接受交底后能依此进行操作的程度，每一节点、每一尺寸均要叙述得清晰准确，对较为复杂或确实无法表述清楚的部位，还要采取图文并茂的方式进行交底。交底既是一次对图样的审核和检查，又是一次学习和熟悉的过程。景观设计人员只有将图样及规范要求熟记于心，才能使交底做到细致、准确、真切且不流于形式，使景观施工人员在接受交底后能清楚自己所要操作的项目内容和细节要求，不致盲目蛮干，造成质量失控。

b. 针对性强。在施工技术交底时，一定要针对工程特点和设计意图，清晰明了地讲述，找出异同，明确分析，避免发生同类的误操作，做到每一分项有每一分项的操作要点。如果交底内容不够明确，无针对性，则在具体操作中起不到指导作用。施工人员对交底的理解大多建立在猜测和经验推断上，这样对于素质能力参差不齐的施工人员来说，必然造成理解混乱。若现场再缺乏严谨的监督和正确的指导，工程进度成型时间和质量均会受到很大的影响。

c. 可操作性。随着经济的发展，越来越多的新工艺、新技术出现在景观施工现场，这就对景观施工技术交底提出了新的要求。不能仅从技术角度出发，讲求方法和结果，还要从经济效益、资源环境等方面综合考虑。在选择工艺标准和技术方案时，不仅要保证工人操作简便、易于控制，还应符合工程的现场实际和经济要求，高效优质，经济合理。

可操作性包括两个方面。一是在操作工人方面，要充分考虑现场工人的素质能力，制定出略高于其能力的标准要求，使其经过努力后能达到。避免因标准过高或过低而损伤工人的积极性，降低整个工程的质量。并在工人不断进步的前提下，不断改进和优化方案，激发工人的创造性。二是在经营管理方面，要十分清晰地了解本工程的经营状况和外部环境，在资金投入有保证且产出收入较佳的前提下，才能确定其为最佳方案。一个再好的方案，没有足够的资金投入或收不到预期效益，也只能是一个提议，没有实施的价值。因此，技术交底的可操作性就是要求编写者在确定施工方案时，一定要先考虑这样做所需的材料、将造成的影响等方方面面的内容，不为标新立异而损害整体，一定要切实、务实。

d. 表达方式要通俗易懂。在景观施工技术交底时，表达方式、表达方法一定要通俗易懂，必须掌握一定的表达能力，将十分复杂、十分专业的标准、术语用相应的语言传达给现场施工人员，保证每个工人都能明白做法、具体要求以及要达到的效果。只有这样，技术交底才能真正发挥其指导操作的作用，提高工程质量。

③ 施工技术交底的要求

a. 施工技术交底必须符合景观工程施工及验收规范和技术操作规程（分项工程工艺标准、质量检验评定标准的相应规定）。同时，也应符合各行业制定的有关规定、准则，以及所在省（区、市）地方性的具体政策和法规的要求。

b. 施工技术交底应该符合设计施工图中的各项技术要求。特别是当设计图纸中的技术要求和技术标准高于国家施工及验收规范的相应要求时，应作更为详细的交底和说明。

c. 施工技术交底应该符合施工组织设计或施工方案的各项实施要求，包括技术措施和施工进度等。

d. 对不同层次的施工人员,其技术交底深度与详细程度不同,而且说明的方式要有针对性。

e. 施工技术交底应该全面、明确,并突出要点。施工技术交底应该详细说明怎样做、执行什么标准、其技术要求如何,施工工艺、质量标准和安全注意事项等要分项具体说明,不能含糊其词。

f. 在施工中使用的新技术、新工艺、新材料应该进行详细交底,并交代如何做样板段等具体事宜。

(2)施工技术交底的实施办法与会议记录

① 施工技术交底的实施办法

a. 会议交底。景观设计师向施工人员进行技术交底,一般采用会议交底形式,由建设单位、景观设计单位、施工单位的相关人员参加会议。事先充分准备好技术交底的资料,在会议上进行技术性介绍与交底。景观设计师针对设计中的重点细节作详细说明,提出具体要求。施工人员和各专业工程师对技术交底中不明确或在实施过程中有较大困难的问题要提出具体要求。通过交底会议对所提出的问题逐一给予解决,并落实安排。

b. 书面交底。景观设计师向施工人员进行技术交底,应强调采用书面交底的形式。因为书面交底不仅在工程施工技术资料中必不可少,而且是分清技术责任的重要标志,特别是出现重大质量事故与安全事故时,书面交底可作为判明技术负责者的一个主要标志。

技术交底内容按照施工及验收规范和规程中的有关技术规定、质量标准和安全要求,以及企业的工法和操作规程,结合工程的具体情况,参照分部分项工程的工艺标准,按不同的分部分项工程详细写出。一式多份,向施工单位交底。在接受交底后,施工单位在交底记录上签字,两份交施工人员贯彻执行,一份存入施工技术档案,一份景观设计师自留。

c. 样板交底。新技术、新工艺、新材料首次使用时,为了谨慎起见,景观工程中的一些分部分项工程也可采用样板交底的方法。所谓样板交底,就是根据设计图样的技术要求、具体做法,参照相近的施工工艺和参观学习的经验,在满足施工及验收规范的前提下,在景观工程的某个实物工程、某道工序、某块样板上,由本企业技术水平较高、经验丰富的老工人先做出达到优良品标准的样板,作为其他工人学习的实物模型,使其他工人知道和了解整个施工过程中使用新技术、新工艺、新材料的特点、性能及其异同点,掌握操作要领,熟悉施工工艺操作步骤、质量标准。这种交底比较直观易懂,效果较好。

② 技术交底会议记录　技术交底会议记录因分项工程内容的不同而不同,一般的技术交底会议记录见表 11-1。

表 11-1　技术交底会议记录

技术交底记录 表×××		编号	
工程名称		交底日期	
施工单位		分项工程名称	

续表

技术交底记录 表×××		编号	
景观设计单位			
交底提要	景观土建小品的质量要求、施工工艺、苗木要求等		

交底内容：(可分为以下几大类，再详细记录会议交底内容)
  A. 土建小品
  B. 绿化苗木种植
  C. 结构工程
  D. 水电安装工程
  E. 质量标准
  F. 其他

审核人		交底人		接受交底人	

注：1. 本表由施工单位填写，交底单位与接受交底单位各存一份。
  2. 当分项工程施工技术交底时，应填写"分项工程名称"栏，其他技术交底可不填写。

11.2 施工协调与施工程序

11.2.1 施工协调的意义和基本方法

（1）意义

  景观设计人员要担负的职责是做好项目各专业之间的协调与配合，使项目的施工质量得到很好的控制和保证。一项景观工程在施工过程中需要各专业的紧密配合，景观设计人员应在施工过程中起到协调和指导的作用，才能使工程更顺利地进行，不致出现返工，造成经济损失，影响工期，甚至带来质量问题和安全隐患。可见，设计人员参与工程施工中各专业的协调管理工作是非常重要的。

  景观设计人员首先要从对业主、用户负责的角度认识问题，要从履行合同的责任和义务的角度认真对待协调问题。同时，从提高行业标准、提升施工和管理水平而言，设计人员参加施工协调工作也是十分必要的。

（2）基本方法

  从现有的有关设计人员参与景观工程施工协调来看，设计人员参与施工协调的基本方法可以分为以下三种。

  ① 技术协调 提高设计图纸的质量，减少因技术错误带来的协调问题。图纸会签关系到各专业的协调，设计人员自己设计的部分一般都较为严密和完整，但与其他人的工作不一定能够一致。这就需要在图纸会签时找出问题，并认真落实，从图纸上加以解决。

  同时，图纸会审与交底也是技术协调的重要环节。图纸的会审应将各专业的交叉与协调工作列为重点，进一步找出设计中存在的技术问题，从图纸上解决问题。而技术交底是让施工人员充分理解设计意图，了解施工的各个环节，从而减少交叉协调问题。

② 管理协调　协调工作不仅要从技术上下功夫，更要建立一整套健全的管理制度，通过管理减少施工中各专业的配合问题。管理协调过程应该建立问题责任制度，在责任制度的基础上建立奖惩制度，提高技术人员的责任心和积极性。

同时，还可以建立严格的隐蔽验收与中间验收制度。隐蔽验收与中间验收是做好协调管理工作的关键。此时的工作已从图纸阶段进入实物阶段，各专业之间的问题更加形象与直观，更容易发现问题，同时也最容易解决和补救问题。通过各部门的认真检查，可以把问题减少到最小。

③ 组织协调　建立专门的协调会议制度，施工过程中业主、施工方、监理方及设计方应定期组织举行协调会议，解决施工中的协调问题。对于较复杂的部位，在施工前应组织专门的协调会，使各专业进一步明确施工顺序和责任。

景观施工过程中的协调工作牵涉面广并且琐碎，突出了各专业协调对施工的重要性。因此，景观设计人员不仅应具备一系列技能，还应具有良好的沟通能力和人际交往能力，以及处理和解决问题的能力，重视施工协调工作。

11.2.2　景观工程施工程序

工程施工是指通过有效的组织方法和技术措施，按照设计要求，根据合同规定的工期，全面完成设计内容的全过程。施工程序是指在整个施工过程中必须遵循的先后程序。组织好施工程序对提高施工速度、保证施工质量、安全生产和降低成本有着重要的意义。

施工管理是对整个过程的合理优化组织，是指如何根据工程项目的特点，结合具体的施工对象编制施工方案，科学组织生产诸要素，合理地使用时间与空间，并在施工过程中指挥和协调劳动力资源等。

（1）施工的依据

施工合同签订后，可以办理各种开工手续，要提前3～5个月申报。一般小型的景观工程由各地的有关主管部门审批，关系到园林建筑、园内市政工程，或土地占用、地下通信管道、环境问题等还需要相应的部门批示。占用公共用地文件、材料配比确认证明、工程施工许可证、工程机械使用文件、树木采伐许可证、供水用电申请、环境治理报告书及委托文件均需逐项办理。

（2）施工前准备工作

① 技术准备　按合同要求，审核施工图，体会设计意图。收集技术经济资料、自然条件资料，现场勘察。编制施工预算和施工组织设计，做好技术交底会审工作和预算会审工作。还要制定施工规范、安全措施、岗位职责和管理条例。

② 生产准备　各种材料、构配件、施工机具按计划组织到位，做好验收和出入库记录；组织施工机械进场、安装与调试；制订苗木供应计划；选定山石材料等。合理组织施工队伍，制定进度安排，落实岗位责任，避免窝工浪费。

③ 施工现场准备　界定施工范围，进行管道改线，保护古树名木。施工现场工程测量，设置平面控制点与高程控制点。做好"四通一平"，临时道路应以不妨碍工程施工为标准，水电应满足施工要求。搭设临时设施，包括临时仓库、办公室、宿舍、食堂及必需的附属设

施，如抽水泵站、混凝土搅拌站，应遵循节约、实用、方便的原则。

④ 后勤保障工作　做好劳动保护工作，强化安全意识，做好防火工作等，保证工程施工顺利进行。

（3）施工

施工单位做好施工图预算和施工组织设计编制工作，并严格按照施工图、工程合同及工程质量要求做好生产准备，组织施工，搞好施工现场管理，确保工程质量。

（4）养护管理

景观工程施工完毕后，一般有养护管理，管理期限依据合同签订的期限。在管理期限内，施工单位要保证苗木的成活率，做好苗木与景观小品的养护工作。

（5）竣工验收

竣工后应尽快召集有关单位和质检部门，根据设计要求和施工技术验收规范进行竣工验收，同时办理竣工交工手续。

模块 12
岗位技能知识题库

12.1 名词解释（每题 5 分）

（1）比例：是事物的整体之间、整体与局部之间、局部与局部之间关系的体现。

（2）尺度：是景物、建筑物整体和局部构件与人或人所见的某些特定标准的尺寸感觉。

（3）节奏：是景物简单地反复连续出现，通过时间的运动而产生美感。

（4）韵律：是有规律但又自由地抑扬起伏变化，从而产生富有感情色彩的律动、更深的抒情意味。

（5）规则式园林：整个平面布局、立体造型，以及建筑、广场、道路、水面、花草树木等都要求严整对称。

（6）自然式园林：以模仿再现自然为主，不追求对称的平面布局，立体造型及园林要素布置均较自然和自由，相互关系较隐蔽含蓄。

（7）混合式园林：主要指规则式、自然式交错组合，全园没有或形不成控制全园的主轴线或副轴线，只有局部景区、建筑以中轴对称布局，或全园没有明显的自然山水骨架，形不成自然格局。

（8）写意山水园：根据造园者对山水的艺术认识和生活需求，因地制宜地表现山水真情和诗情画意的园。

（9）园林布局：由园林设计者把各个景物按照一定的艺术规则有机地组织起来，创造一个和谐完美的整体，这个过程称为园林布局。

（10）静态风景：游人在相对固定的空间内所感受到的景观。

（11）闭锁风景：当游人的视线被四周的树木、建筑或山体等遮挡住时，所看到的风景。

（12）开朗风景：在视域范围内的一切景物都在视平线高度以下，视线可以延伸到无限远的地方，视线平行向前，不会让人产生疲劳的感觉。

（13）色相：指一种颜色区别于另一种颜色的相貌特征，即颜色的名称。

（14）明度：指色彩深浅和明暗的程度。

（15）纯度：指颜色本身的纯净程度。

（16）借景：把园外的风景组织到园内，成为园内风景的一部分，称为借景。

（17）对景：位于园林轴线及风景线端点的景物叫对景。

（18）框景：就是把真实的自然风景用类似画框的门、窗洞、框架，或由乔木树冠环抱而成的空隙围合起来，形成类似于"画"的风景图画，这种造景方法称为框景。

（19）夹景：当远景的水平方向视界很宽时，将两侧并非动人的景物用树木、土山或建筑物加以屏障，让人从配景的夹道中观赏风景，称为夹景。

（20）障景：利用遮挡的方法将劣景加以屏障。

（21）点景：利用其他形式如对联、石刻等增加诗情画意，点出景的主体，给人以联想，还具有宣传和装饰等作用，这种方法称为点景。

（22）平地：园林中坡度比较平缓的用地统称为平地。

（23）花坛：在具有一定几何形状的种植床内，种植各种不同色彩的观花、观叶与观景的园林植物，从而构成一幅富有鲜艳色彩或华丽纹样的装饰图案以供观赏，称为花坛。

（24）花境：沿着花园的边界或路缘种植花卉，也有花径之意。

（25）绿篱：耐修剪的灌木或小乔木，以相等距离的株行距，单行或双行排列而组成的规则绿带，属于密植行列栽植的类型之一。

（26）孤植：园林中的优型树单独栽植时称为孤植。

（27）列植：乔、灌木按一定的直线或缓弯线成排成行地栽植。

（28）对植：一般是指两株或两丛树，按照一定的轴线关系左右对称或均衡种植的方法。

（29）单位附属绿地：是指属于工业区、仓储区、政府机关团体、部队、学校和医院等用地范围内的绿地，也称为专用绿地。

（30）红线：在城市规划建设图纸上划分出的建筑用地与道路用地的界线。

（31）道路分级：是决定道路宽度和线型设计的主要指标。

（32）道路总宽度：也叫路幅宽度，即规划建筑线（红线）之间的宽度。

（33）分车带：又叫分车线，车行道上纵向分隔行驶车辆的设施，用以限定行车速度和车辆分行，通常高出路面10厘米以上。

（34）交通岛：为便于管理交通而设于路面上的一种岛状设施。

（35）人行道绿化带：又称步行道绿化带，是车行道与人行道之间的绿化带。

（36）分车绿带：在分车带上进行绿化，也称为隔离绿带。

（37）防护绿带：将人行道与建筑分隔开来的绿带。

（38）基础绿带：又称基础栽植，是紧靠建筑的一条较窄的绿带。

（39）安全视距：是指行车司机发觉对方来时立即刹车而恰好能停车的距离。

（40）视距三角形：为保证行车安全，道路交叉口、转弯处必须空出一定的距离，使司机在这段距离内能看到对面或侧方来往的车辆，并有一定的刹车和停车的时间，而不致发生撞车事故。根据两条相交道路的两个最短视距，在交叉口平面图上绘出的三角形，叫"视距三角形"。

（41）行道树：有规律地在道路两侧种植用以遮阴的乔木，是街道绿化最基本的组成部分和最普遍的形式。

（42）街道小游园：在城市干道旁供居民短时间休息用的小块绿地。

（43）花园林荫道：与道路平行而且具有一定宽度的带状绿地，也可称为带状街头休息绿地。

（44）高速公路：具有中央分隔带、四个以上立体交叉的车道和完备的安全防护设施，专供车辆快速行驶的现代公路。

（45）城市广场：是城市道路交通体系中具有多种功能的空间，是人们政治、文化活动的中心，常常是公共建筑集中的地方。

（46）居住区：广义上讲是人类聚居的区域，狭义上讲是指由城市主道路所包围的独立的生活居住地段。

（47）覆盖率：用地上栽植的全部乔、灌木的垂直投影面积，以及花卉、草皮等地被植物的覆盖面积占用地面积的百分比。

（48）公共绿地：指供人们公共使用的绿地。这类绿地常与老人、青少年及儿童活动场地结合布置。

（49）道路绿地：道路两侧或单侧的道路绿化用地，根据道路的分级、地形、交通情况等的不同进行布置。

（50）组团绿地：是直接靠近住宅的公共绿地，通常结合居住建筑组群布置，服务对象是组团内居民，主要为老人和儿童就近活动、休息提供场所。

（51）公园：是为城市居民提供室外休息、观赏、游戏、运动、娱乐的市政设施，由政府或公共团体经营，用以保证城市居民的身心健康，提高国民素质，并由居民自由享受。

（52）体育公园：是市民开展体育活动、锻炼身体的公园。

（53）纪念性公园：是围绕当地的历史人物、革命活动发生地、革命伟人及有重大历史意义的事件而设置的公园。

（54）屋顶花园：是指在各类建筑物的顶部栽植花草树木，建造各种园林小品所形成的绿地。

（55）园林规划设计：包含园林绿地规划和园林绿地设计两个含义。园林绿地规划是指对未来园林绿地发展方向的设想安排，即按照国民经济的需要，提出园林绿地发展的战略目标、发展规模、速度和投资计划等。园林绿地设计是指对某一园林绿地（包括已建和拟建的园林绿地）所占用的土地进行安排，以及对园林要素即山水、植物、建筑等进行合理布局与组合。

（56）园林风格：是指园林绿地自身所具有的独到之处、鲜明的创作特色、鲜明的个性。

（57）园林艺术：是研究关于园林规划、创作的艺术体系，是美学、艺术、绘画、文学等多学科理论的综合运用，尤其是美学的运用。

（58）对称：是以一条线为中轴，形成左右或上下在量上的均等。

（59）均衡：是对称的一种延伸，是事物的两部分在形体布局上的不相等，但双方在量上却大致相当，是一种不等形但等量的特殊的对称形式。

（60）对比：是比较心理的产物。对风景或艺术品之间存在的差异和矛盾加以组合利用，取得相互比较、相辅相成的关系。

（61）协调：是指各景物之间形成了矛盾统一体，也就是在事物的差异中强调统一的一面，使人们在柔和宁静的氛围中获得审美享受。

（62）居住区绿地率：是用来描述居住区用地范围内各类绿地的总和与居住区用地的比率。新建居住区绿地率不得低于35%，旧城改造区绿地率不得低于30%。

12.2 填空题（每题2分）

（1）园林规划设计的依据是<u>科学依据</u>、<u>社会需要</u>、<u>功能要求</u>、<u>经济条件</u>。
（2）园林规划设计包括<u>园林绿地规划</u>和<u>园林绿地设计</u>两个含义。
（3）园林规划设计必须遵循的原则是<u>适用</u>、<u>经济</u>、<u>美观</u>。
（4）园林的自然美的共性有<u>变化性</u>、<u>多面性</u>、<u>综合性</u>。
（5）艺术美的具体特征是<u>形象性</u>、<u>典型性</u>、<u>审美性</u>。
（6）从形式美的外形方面加以描述，其表现形态主要有<u>线条美</u>、<u>图形美</u>、<u>体形美</u>、<u>光影色彩美</u>、<u>朦胧美</u>五个方面。
（7）园林的布局形式可分为<u>自然式</u>、<u>规则式</u>、<u>混合式</u>三大类。
（8）园林构图的素材主要包括地形、地貌、水体和动植物等<u>自然景观</u>及其建筑物、构筑物和广场等<u>人为景观</u>。
（9）突出主景常用的方法有<u>主景升高</u>、<u>中轴对称</u>、<u>对比与调和</u>、<u>动势集中</u>、<u>重心处理</u>及<u>抑景</u>等。
（10）人们观赏景物时，其垂直视角的差异可划分为<u>平视风景</u>、<u>仰视风景</u>和<u>俯视风景</u>三类。
（11）人对园林色彩的感觉主要有对<u>色彩的温度感</u>、<u>色彩的距离感</u>、<u>色彩的重量感</u>、<u>色彩的面积感</u>、<u>色彩的运动感</u>五个方面。
（12）借景有<u>远借</u>、<u>邻借</u>、<u>仰借</u>、<u>俯借</u>四种方式。
（13）地形的表现方式有<u>等高线表示法</u>、<u>标高点表示法</u>、<u>蓑状线表示法</u>、<u>模型表示法</u>、<u>其他表示法</u>。
（14）平地可作为<u>集散广场</u>、<u>交通广场</u>、<u>草地</u>、<u>建筑</u>方面的用地。
（15）水在园林绿地中的作用是<u>提供消耗</u>、<u>供灌溉用</u>、<u>影响和控制小气候</u>、<u>控制噪声</u>、<u>提供娱乐条件</u>。
（16）水体的形式可分为<u>自然式</u>、<u>规则式</u>和<u>混合式</u>三类。
（17）亭在园林中常作为<u>对景</u>、<u>借景</u>、<u>点缀</u>风景用。
（18）园路按功能可分为<u>主要园路（主干道）</u>、<u>次要园路（次干道）</u>和<u>游憩小路（游步道）</u>。
（19）雕塑在园林中有<u>表达园林主题</u>、<u>组织园景</u>、<u>点缀</u>、<u>装饰</u>、<u>丰富游览内容</u>、<u>充当适用的小设施</u>的功能。
（20）公园建设工程中种植工程总造价包括三部分：<u>苗木购置费</u>；<u>草皮购置费</u>；<u>苗木、草皮的挖掘、栽植费用</u>。
（21）公园建设工程中工程设施总造价包括五部分：<u>园林建筑、构筑物及小品</u>；<u>道路及</u>

广场；水景工程；照明设施；各项工程设施的施工费用。

（22）公园规划设计费按整个绿化投资的 3%～6% 这一标准收取，不可预见费按整个绿化投资加公园规划设计费的 5% 计算。

（23）城市道路系统的基本类型：放射环形道路系统、方格形道路系统、方格对角线道路系统、混合式道路系统、自由式道路系统。

（24）根据道路在城市中的地位、交通特征和功能，可分为城市主干道、市区支道、专用道。

（25）城市的主干道是城市的大动脉，可分为高速交通干道、快速交通干道、普通交通干道、区镇干道。

（26）根据不同的种植目的，道路绿地可分为景观种植与功能种植两大类。

（27）城市道路绿化形式有一板二带式、二板三带式、三板四带式、四板五带式及其他形式。

（28）交通岛俗称：转盘。

（29）行道树常用的种植方式有树带式、树池式两种。

（30）树池式种植行道树，其池的边长或直径不得小于 1.5 米，长方形的短边不得小于 1.2 米，短长边之比不超过 1∶2。

（31）树池式种植行道树，从树干到靠近车行道一侧的树池边缘不小于 0.5 米，距车行道路缘石不小于 1 米。

（32）一般在可能的条件下，绿带占道路总宽度的 20% 为宜。

（33）一般来说，为了防止人行道绿化带对行车视线的影响，其树木在一般干道的株距不应小于树冠直径的 2 倍。

（34）一般干道分车带上可以种植 70 厘米以下的绿篱、灌木、花卉、草皮等。

（35）在视距三角形内布置植物时，其高度不得超过 0.65～0.7 米，宜选低矮灌木、丛生花草种植。

（36）分车绿带的种植方式分为封闭式种植和开敞式种植两种。

（37）街道小游园绿地大多地势平坦，可设计为规则对称式、规则不对称式、自然式、混合式等多种形式。

（38）复杂的立体交叉一般由主干道、次干道和匝道组成。

（39）高速公路的横断面包括中央隔离带（分车绿带）、行车道、路肩、护栏、边坡、路旁安全地带和护网。

（40）广场按使用功能分为集会性广场、纪念性广场、交通性广场、商业性广场、文化娱乐休闲广场、儿童游乐广场、附属广场。

（41）广场按尺度关系分为特大广场、中小型广场。

（42）广场按空间形态分为开敞性广场、封闭性广场。

（43）广场绿地种植设计的基本形式有排列式种植、集团式种植、自然式种植三种。

（44）居住区用地由居住区建筑用地、公共建筑和公共设施用地、道路和广场用地、公共绿地组成。

（45）居住区建筑布置形式有行列式布局、周边式布局、混合式布局、自由式布局、庭院式布局、散点式布局。

（46）居住区绿地的类型有公共绿地、专用绿地、道路绿地、宅旁和庭院绿地四大类。

（47）居住区小游园平面布置的三种形式是规则式、自由式、混合式。

（48）居住区公园服务半径以800～1000米为宜，居住区中心游园服务半径以400～500米为宜。

（49）居住区绿地设计的六大原则包括可达性、功能性、亲和性、系统性、全面性、艺术性。

（50）组团绿地的布置方式有开敞式、半封闭式、封闭式；按布局形式分为规则式、自然式、混合式三类。

（51）公园设施主要有造景设施、休息设施、游戏设施、社教设施、服务设施、管理设施。

（52）中国将公园分为九类：综合性公园、纪念性公园、儿童公园、动物园、植物园、古典园林、体育公园、风景名胜公园、居住区公园。

（53）公园面积大小要根据周围环境、自然条件（地形、土壤、水体、植被）、公园性质、活动内容、设施安排等进行分区规划。

（54）公园出入口一般分为主要出入口、次要出入口和专门出入口三种。

（55）园路布置应考虑回环性、疏密适度、因景筑路、曲折性、多样性等因素。

（56）公园中广场的主要功能为供游人集散、活动、演出、休息等，其形式有自然式、规则式两种，由于功能的不同又可分为集散广场、休息广场、生产广场等。

（57）屋顶花园规划设计原则是适用、经济、安全、精美、创新。

（58）屋顶花园绿化布置形式有规则式、自然式、混合式。按所用植物材料的种类分为地毯式、花坛式、花境式。按其周边的开敞程度分为开敞式、半开敞式、封闭式。

（59）屋顶花园的植物常见种植方法有孤植、绿篱、花境、丛植、花坛。

（60）屋顶花园的花架所用地的建筑材料应以质轻、牢固、安全为原则。

（61）屋顶花园按使用要求分为游憩型屋顶花园、营利型屋顶花园、家庭型屋顶花园、科研型屋顶花园。

（62）工矿企业绿化的特殊性主要体现在环境恶劣、用地紧凑、保证生产安全、服务对象四个方面。

（63）防护林因其内部结构不同可分为透式、半透式和不透式三种类型。

（64）防护林可根据污染轻、重的两个盛行风向而定，其形式有两种："一"字型和"L"字型。

（65）常见屋顶花园防水层基本可分为柔性防水材料和刚性防水材料两种。

12.3 单项选择题（每题2分）

（1）我国园林艺术第一名著是（ C ）。
A.《长物志》　　　　B.《一家言》　　　　C.《园冶》　　　　D.《造园》
（2）综合性公园总体规划的主要任务是（ A ）。

A. 出入口位置的确定，分区规划，地形的利用及改造，建筑、广场及园路布局，植物种植规划，制定建园程序及造价估算

B. 出入口位置的确定，分区规划，建筑、广场及园路布局，植物种植规划，制定建园程序及造价估算

C. 出入口位置的确定，分区规划，建筑、广场及园路布局，植物种植规划

D. 出入口位置的确定，分区规划，植物种植规划

（3）儿童公园的绿地一般要求占全园总面积的（C）。

A. 50%　　　　　B. 60%　　　　　C. 60%以上　　　　　D. 40%

（4）儿童公园多采用（A）的鲜艳色彩。

A. 黄色、橙色、红色、天蓝色、绿色　　　　B. 黄色、红色、绿色、灰色

C. 红色、蓝色、绿色、紫色　　　　D. 黄色、橙色、红色、天蓝色、绿色、白色

（5）分车绿带植物的配置应是（C）。

A. 以常绿乔木为主　　　　B. 以落叶乔木为主

C. 以草皮与灌木为主　　　　D. 以上植物配置都可以

（6）不属于自然式种植的是（A）。

A. 列植　　　　B. 丛植　　　　C. 群植　　　　D. 林植

（7）屋顶花园植物不应选择（C）树种。

A. 不易倒伏　　　　B. 耐修剪　　　　C. 耐阴　　　　D. 抗寒性强

（8）（A）不属于单位附属绿地。

A. 生产绿地　　　　B. 校园绿地　　　　C. 医疗机构绿地　　　　D. 工业绿地

（9）在校园绿地规划中，离建筑物多远才能栽植乔木（B）。

A. 3米　　　　B. 5米　　　　C. 7米　　　　D. 9米

（10）影响城市园林绿地指标的因素不包括（C）。

A. 国民经济水平　　　　B. 城市性质　　　　C. 人口数量　　　　D. 城市规模

（11）行道树的定植株距最小为（A）。

A. 4米　　　　B. 5米　　　　C. 6米　　　　D. 8米

（12）社区公园服务半径一般为（A）。

A. 0.5～1千米　　　　B. 1～2千米　　　　C. 2～3千米　　　　D. 3～4千米

（13）在城市园林绿化中，树种的规划方法不包括（A）。

A. 分析树种经济价值　　　　B. 调查当地气候

C. 调查当地树种　　　　D. 调查当地树种历史

（14）新建居住区绿地占居住区总用地比率不应低于（B）。

A. 40%　　　　B. 35%　　　　C. 30%　　　　D. 25%

（15）园林规划设计对社会和国家的重要性有：可以作为政治文化的橱窗，可以作为国防上的设施和（D）。

A. 防止风雪　　　　B. 减少噪声污染　　　　C. 净化都市空气　　　　D. 减少灾害损失

（16）与园林规划设计有关的学科有美学、美术史、建筑史、文化史、制图、建筑设计、都市规划和（B）。

A. 风景   B. 植物学   C. 建筑结构   D. 园艺学

（17）中国古典园林在（B），随着山水画的发展，许多文人、画师不仅寓诗于山水画中，而且融诗情画意于园中，因此形成三度空间的自然山水园。

A. 汉朝   B. 隋唐   C. 宋朝   D. 清朝

（18）中国庭院的风格是（A）。

A. 以山水画式的风景为特征，具有内向的、沉静的和崇高的风格

B. 可以用畅、幽、灵、雅四个字来形容

C. 建筑精巧，材料丰富，规模较大，追求朴素的自然美

D. 庭院形式多为对称的几何形，表现直线美和线条美

（19）园林规划设计不同于林业规划设计，除了共同考虑的问题外，还应考虑的问题是（D）。

A. 经济   B. 技术   C. 生态   D. 美

（20）两种不同的树有规律地布置成的行道树属于（C）。

A. 简单韵律   B. 交替韵律   C. 交错韵律   D. 渐变韵律

（21）位于园林轴线及风景视线端点的景物是（B）。

A. 添景   B. 对景   C. 障景   D. 夹景

（22）花坛的大小应与广场的面积成一定比例，一般最大不超过广场面积的（B）。

A. 1/2   B. 1/3   C. 1/4   D. 1/5

（23）（A）属于点景。

A. 石刻   B. 雕像   C. 喷泉   D. 园灯

（24）有大气污染的工厂最好的布局位置是（B）。

A. 盛行风的下风向   B. 最小风频的上风向

C. 盛行风的上风向   D. 最小风频的下风向

（25）最早吸收中国山水园林的意境融入造园中，对欧洲造成很大影响的国家是（A）。

A. 英国   B. 法国   C. 意大利   D. 德国

12.4 多项选择题（每题2分）

（1）园林设计的程序包括（ABC）。

A. 园林设计的前提工作   B. 总体设计方案阶段

C. 局部详细设计阶段   D. 施工图阶段

（2）园林草坪按园林景观分为（ABCD）。

A. 山地草坪   B. 林中草坪   C. 庭院草坪   D. 水景草坪

（3）园林中除了采用对景、障景、借景等手法以外，还应有（ABCD）等艺术手法。

A. 框景   B. 添景   C. 夹景   D. 漏景

（4）园林设计必须遵循的原则是（ACD）。

A. 适用　　　　　B. 大方　　　　　C. 经济　　　　　D. 美观

（5）园林中，水系设计要求是（ABCD）。
A. 主次分明、自成系统　　　　　B. 水岸溪流、曲折有致
C. 阴阳虚实、湖岛相列　　　　　D. 山因水活、水因山转

（6）园林植物造景的要点为（ABCD）。
A. 四季景观　　　　　　　　　　B. 专类园
C. 水生植物区　　　　　　　　　D. 温室、盆景、花圃、苗圃

（7）园林植物的种植类型有（ABCD）。
A. 块状　　　　B. 线状　　　　C. 散点　　　　D. 绿篱和花坛

（8）鸟瞰图应注意（ABC）的透视法原则。
A. 近大远小　　B. 近清楚远模糊　C. 近写实远写意　D. "三远"

（9）动物园的绿化种植为（ABCD）。
A. 应服从动物园陈列的要求，配合动物的特点和分区，形成各个展区的特色
B. 与一般公园相同，园路绿化达到一定的遮阴效果
C. 一般在动物园的周围设有防护林带
D. 应选择叶、花、果无毒的树种，树干、树枝无尖刺的树种

（10）儿童公园的选址应为（ABCD）。
A. 不受城市水体污染　　　　　　B. 不受城市气体污染
C. 不受城市噪声干扰　　　　　　D. 城市交通便利、安全、顺畅

（11）儿童公园的种植设计忌用（ABCD）。
A. 有刺激性、有异味或引起过敏性反应的植物
B. 有毒、有刺植物
C. 给人体呼吸道带来不良作用的植物
D. 易生病虫害及结浆果的植物

（12）森林公园可行性研究文件由（ABC）组成。
A. 可行性研究报告　　B. 图面材料　　　C. 附件　　　　D. 野生动植物名录

（13）森林公园总体规划设计应遵循的基本原则为（ABCD）。
A. 以生态经济理论为指导，以保护为前提，遵循开发与保护相结合的原则，在开展森林旅游的同时，重点保护好森林生态环境
B. 建设规模与游客规模相适应，应充分利用林业局、林场原有的建筑设施，进行适度建设，切实注重实施
C. 应以维护森林生态环境为主体，突出自然野趣和保健等多种功能，因地制宜，发挥自身优势，形成独特风格和地方特色
D. 统一布局，统筹安排建设项目，做好客观控制，突出重点，先易后难，做到近期建设与远景规划相结合

（14）居住区用地按功能要求可分为（ABC）。
A. 居住区建筑用地　　　　　　　B. 公共建筑和公共设施用地
C. 道路及广场用地　　　　　　　D. 居住区公园用地

（15）（ABC）属于居住区公共绿地。
　　A. 居住区公园　　B. 小区中心游园　　C. 组团绿地　　D. 居住区道路绿地
（16）园林植物的选择原则应做到（ABCD）。
　　A. 以乡土树种为主　　　　　　　　B. 适地适树
　　C. 对原有树木和植被加以利用　　　D. 速生树与慢长树相结合
（17）组团绿地布置的方式有（ABC）。
　　A. 开敞式　　B. 半封闭式　　C. 封闭式　　D. 混合式
（18）城市古树名木保护规划涉及的内容主要有（ABCE）。
　　A. 制定法规　　B. 宣传教育　　C. 科学研究　　D. 植树造林
　　E. 养护管理
（19）社区公园的功能包括（ABD）。
　　A. 改善社区生态质量　　　　　B. 提供日常休闲游憩场所
　　C. 提供学习场地　　　　　　　D. 提升组团环境景观品质
（20）公园水体景观中开敞水面空间造景包括（ABCDE）。
　　A. 岛　　B. 堤　　C. 桥　　D. 汀步　　E. 水岸
（21）社区公园的特点包括（ABCD）。
　　A. 便利性　　B. 功能性　　C. 开放性　　D. 效益性
（22）避灾场所分为（BCD）。
　　A. 特殊避难绿地　　B. 紧急避难绿地　　C. 固定避难绿地　　D. 中心避难绿地
（23）公园绿地选址的原则包括（ABCDE）。
　　A. 均衡布局　　B. 丰富类型　　C. 分级配置　　D. 功能多样
　　E. 人文特色
（24）城市绿地分类的原则包括（ABCDE）。
　　A. 功能性原则　　B. 协调性原则　　C. 对应性原则　　D. 可比性原则
　　E. 可操作性原则
（25）公园绿地的类型包括（ABCDE）。
　　A. 风景名胜区　　B. 森林公园　　C. 湿地公园　　D. 郊野公园
　　E. 其他风景游憩绿地
（26）城市绿地系统结构影响因素包括（CD）。
　　A. 政治功能　　B. 经济因素　　C. 自然因素　　D. 社会因素
（27）城市绿地系统规划的依据包括（ABCD）。
　　A. 有关法律、法规和规章　　　　B. 有关行业规范及技术标准
　　C. 相关各类规划成果　　　　　　D. 当地现状基础条件
（28）城市绿地系统规划的原则包括（ABCE）。
　　A. 尊重自然、生态优先　　　　　B. 统筹规划、合理布局
　　C. 分期实施、保证质量　　　　　D. 勤俭节约、保证人文
　　E. 实用适用、公众参与
（29）根据游园的形态，可以将游园分为（BC）。

A. 分散游园　　　　B. 带状游园　　　　C. 块状游园　　　　D. 集中游园
（30）道路绿地包括（ABD）。
A. 道路绿带　　　　B. 交通岛绿地　　　C. 小型沿街绿地　　D. 停车场绿地
（31）（ABCD）适宜作为行道树。
A. 杜英　　　B. 银杏　　　C. 栾树　　　D. 香樟　　　E. 紫薇
（32）世界五大公园树种是（ABCDE）。
A. 金钱松　　B. 雪松　　　C. 日本金松　　D. 南洋杉　　E. 巨杉
（33）关于园林规划描述正确的有（ABC）。
A. 从广义上讲，园林规划就是发展规划，由园林行政部门制定
B. 从狭义上讲，园林规划就是具体的绿地规划，由园林规划设计部门完成
C. 园林规划有长期规划、中期规划和近期规划之分
D. 狭义的园林规划就是园林绿地设计
（34）关于园林绿地设计的含义理解正确的有（ABCD）。
A. 园林绿地设计是一个微观的概念
B. 园林绿地设计以规划为指导
C. 园林绿地设计是园林设计者利用园林要素对园林空间进行组合，创造出一种新的园林环境
D. 园林设计的成果是设计图和说明书
（35）属于园林构成要素的有（ABCD）。
A. 山水和地貌　　　B. 道路和广场　　　C. 建筑物和构筑物　　D. 植物和动物
（36）园林绿地的性质和功能决定了园林规划的特殊性，因此在园林规划设计时应符合的要求有（ABC）。
A. 先确定主题思想　B. 发挥生态效益　　C. 应有自己的风格　　D. 应以建筑为主
（37）园林规划设计的作用有（ABCD）。
A. 保证城市园林绿地的发展和巩固
B. 是上级主管部门批准园林绿地建设费用的依据
C. 园林绿地施工的依据
D. 园林绿地建设检查验收的依据
（38）园林规划设计的依据有（ABCD）。
A. 科学依据　　　　B. 社会需要　　　　C. 功能要求　　　　D. 经济条件
（39）园林设计的适用原则所包含的意思有（AB）。
A. 因地制宜　　　　　　　　　　　　　B. 功能适合于服务对象
C. 美观　　　　　　　　　　　　　　　D. 个性化
（40）关于园林规划设计原则描述正确的有（ACD）。
A. 适用、经济、美观是园林设计的基本原则
B. 美观是设计首要考虑的问题
C. 适用、经济、美观三者之间是辩证统一的
D. 在适用、经济的前提下尽可能做到美观

（41）关于园林美的描述正确的有（ABCD）。

　　A.园林美是自然景观和人文景观的高度统一

　　B.园林美是形式美与内容美的高度统一

　　C.园林美是自然美、生活美、艺术美的高度统一

　　D.园林美源于自然，又高于自然景观

（42）关于园林中的自然美的描述正确的是（ABCD）。

　　A.自然景观和动植物的美统称为自然美

　　B.园林植物美是自然美的重要组成部分

　　C.自然美往往以色彩、形状、质感、声音等感性特征直接引起人的美感

　　D.大自然的风云雨雪、虫鱼鸟兽、晦明阴晴、晨昏昼夜等都是自然美的组成部分

（43）园林中的生活美包括（ABC）。

　　A.园林中空气清新、卫生条件好、水体清洁

　　B.适于人生活的小气候

　　C.交通方便，有各种活动场所

　　D.风摇松涛

（44）园林中的艺术美的具体特征是（ABD）。

　　A.形象性　　　　B.典型性　　　　C.变化性　　　　D.审美性

（45）关于对称与均衡的描述正确的有（ABC）。

　　A.对称是以一条线为中轴，形成左右、前后或上下在量上的均等

　　B.均衡是对称的一种延伸，是事物的两个部分在量上大致相当

　　C.对称是均衡的，但均衡不一定对称

　　D.不对称均衡又叫静态均衡

（46）在园林布局上属于稳定布置的有（ABD）。

　　A.在体量上采用上小下大　　　　B.筑山采用石包土

　　C.山顶置石　　　　D.下部质感粗、颜色深，上部光滑、色浅

（47）关于对比的描述正确的有（ABD）。

　　A.以短衬长，长者更长；以低衬高，高者更高；以大衬小，小者更小

　　B.大中见小，小中见大

　　C.垂直与水平的对比属于空间的对比

　　D.山与水的对比属于虚实的对比

（48）水生植物在水体中的布置正确的是（ABD）。

　　A.不超过水面的1/3　　　　B.有疏有密

　　C.沿池岸种植一圈　　　　D.设置种植床

（49）属于突出主景的方法有（ABC）。

　　A.主景升高　　　　B.中轴对称　　　　C.动势向心　　　　D.体量的调和

（50）关于学校绿地的设计正确的有（ABCD）。

　　A.绿地率不低于30%　　　　B.树种应选择无毒、无污染的树种

　　C.教学楼的绿化要保证教室内采光　　　　D.大门内外绿化以装饰绿地为主

（51）屋顶花园植物应选择（ABD）树种。
A. 不易倒伏　　　　B. 耐修剪　　　　C. 耐阴性　　　　D. 抗寒性强

（52）作为孤植树应具备的条件为（ABC）。
A. 树形优美，轮廓富于变化　　　　B. 花大而美
C. 寿命长　　　　D. 常绿

（53）三株丛植配置的原则是（ABD）。
A. 树种搭配不超过两种
B. 各株树应有姿态、大小的差异
C. 最大的一株树稍远离
D. 三株不在同一条直线上，且不为等边三角形

（54）道路绿化设计的总原则是（ABCD）。
A. 以乔木为主，乔、灌、草相结合　　　　B. 保证道路行车安全
C. 植物配置应与市政设施相协调　　　　D. 近期效果与长期效果相结合

（55）突出主景的方法有（ABCD）。
A. 主景升高　　　　B. 中轴对称　　　　C. 对比与调和　　　　D. 抑景

（56）公园常规设施主要有（ABCD）。
A. 游憩设施　　　　B. 服务设施　　　　C. 公用设施　　　　D. 管理设施

（57）公园设计依据有（ABCD）。
A. 国家、省、市有关园林绿化方针政策　　　　B. 国土规划
C. 城市规划　　　　D. 绿地系统规划

（58）属于工厂企业绿地特点的是（ACD）。
A. 环境较差不利于植物生长　　　　B. 绿化用地面积大
C. 绿化要保证工厂的生产安全　　　　D. 工厂绿化的服务对象主要是本厂职工

（59）园林植物选择体现园林布局在时间上的规定性的有（ABD）。
A. 春季以鲜花为主　　B. 植物的季相变化　　C. 植物乡土化　　D. 夏荫秋实

（60）模纹花坛选用的植物应（ABCD）。
A. 生长缓慢　　　　B. 耐修剪　　　　C. 分枝密　　　　D. 色彩分明

（61）关于合适视距的描述正确的有（ABD）。
A. 大型景物的合适视距为景物高度的 3.5 倍
B. 水平景物的合适视距为景物宽度的 1.2 倍
C. 当宽度大于高度时，依水平视距来考虑
D. 当高度大于宽度时，依垂直视距来考虑

（62）园林空间的展示程序有（ABCD）。
A. 两段式程序　　　B. 三段式程序　　　C. 循环程序　　　D. 专类序列

（63）关于色彩感觉的描述正确的是（ABD）。
A. 橙色系属于暖色系，青色系属于冷色系
B. 绿色和白色属中性色
C. 橙色系给人一种收缩的面积感，青色系给人一种扩大的面积感

D. 橙色系给人一种强烈的运动感

（64）按绿篱的高度，绿篱可分为（ABCD）。

A. 绿墙　　　　　　B. 高绿篱　　　　　　C. 中绿篱　　　　　　D. 矮绿篱

（65）关于行道树株距与定干描述正确的有（ABD）。

A. 株行距一般按树冠大小来决定　　　　B. 定干高度应考虑距车行道的距离

C. 分枝角度越大，定干可适当低一点　　D. 定干高度最低不能小于2米

12.5 判断题（每题2分）

（1）园林的布局形式分为三类：规则式、自然式和混合式。（√）

（2）园林的立意和布局，其关系的实质就是园林的内容与形式。（√）

（3）对比与调和是布局中运用统一变化的基本规律，创作景物形象的具体表现。（√）

（4）园林中很少应用夸张尺度，而采用正常尺度。（×）

（5）中国园林中的建筑具有使用和观赏的双重作用，要求园林建筑达到可居、可游、可观。（√）

（6）中国园林的基本特点之一就是"山水为主，建筑是从"。（√）

（7）园林植物设计的核心和主要内容是陆地植物造景。（√）

（8）学校大门的绿化以建筑为主体，绿化为陪衬。（√）

（9）水葫芦（凤眼莲）具有净化水体的功能。（√）

（10）城市绿地率是指市区各类绿地的植物覆盖面积占市区用地面积的比例，它随着时间的推移、树冠的大小而变化。（×）

（11）狭义的城市绿地，指面积较小、设施较少或没有设施的绿化地段，区别于面积较大、设施较为完善的"公园"。（√）

（12）垂直绿化属于广义的城市绿地。（×）

（13）园林设计图是园林设计人员的技术语言。（√）

（14）园路的画法是只画出平面图就可以了。（×）

（15）园林规划设计图简称平面图，是表现总体设计布局的图样。（√）

（16）园林种植设计图中可以不画出指北针或风玫瑰图。（×）

（17）园林种植图是用相应的平面图例在图样上表示设计植物的种类、数量、种植位置和规格，需保留的现有树木就不用标明。（×）

（18）园艺是"园林艺术"的简称。（×）

（19）工程图样是指导生产和进行技术交流的工程技术语言。（√）

（20）园林的范围比绿地更广泛。（×）

（21）中国古典园林以规则式为主。（×）

（22）我国最早的园林雏形是商周的"囿"。（√）

（23）寿山艮岳是山水宫苑的范例。（√）

（24）居住小区中心游园主要供小区内居民就近使用，服务半径一般为 100～200 米。（×）

（25）小游园平面布置形式可以分为规则式、自由式和混合式三种。（√）

（26）根据大学校园绿地的功能划分，一般可以将大学绿地分为教学科研绿地、学生生活区绿地、教职工住宅区和学生活动区绿地四种类型。（√）

（27）医院中绿化面积应该占医院总用地面积的 50% 以上。（√）

（28）园林美是自然美、生活美、艺术美高度统一。（√）

（29）园林美是形式美和内容美的高度统一。（√）

（30）对称均衡就是静态均衡。（√）

（31）规则式园林的水体外形轮廓均为几何形。（√）

（32）"一池三山"的形式最早出现在汉上林苑。（√）

（33）中国园林从周朝开始，经历代发展，不论是皇家宫苑还是私家宅院，均以自然山水为源流，保存至今的皇家园林如承德避暑山庄、苏州拙政园等都是自然山水园的代表作品。（×）

（34）园林是一个既有动态景观又有静态景观的空间，动态景观是满足人们"游"的需要，静态景观是满足人们"憩"时观赏，所以园林功能就是要从提供"游憩"方面来考虑。（√）

（35）亭在园林绿地中既有景观作用又有使用功能，它常作为对景、借景、点缀风景用，也是人们游览赏景、纳凉避雨、休息的好去处。（√）

（36）医院绿化应选择一些能分泌杀菌素的乔木，如雪松、白皮松、银杏等作为遮阴树，供患者候诊和休息。（√）

（37）水景大体分为动水和静水两大类。（√）

（38）古希腊是欧洲文化的发源地，古希腊的建筑、园林开欧洲建筑、园林之先河，直接影响了法国等国的建筑园林风格。后来，法国吸取了中国山水园的意境，融入其造园艺术中，对欧洲园林的发展产生了很大影响。（×）

（39）元、明、清时期，我国园林建设取得了长足的发展，出现了许多著名园林，如北京的西苑三海、圆明园、清漪园等，达到了园林建设的高潮期。（√）

（40）据统计，我国目前多数高校绿地率已达 25%，但与国家校园绿化面积应占全校总面积 50%～70% 的规定还有一定差距。（√）

（41）白色、绿色均属中性色。（√）

（42）夜光园植物配置可选用具有芳香气味的植物。（√）

（43）水中的倒影属于俯借。（√）

（44）漏景可通过漏窗、疏林来透视风景。（√）

（45）污染性大的工厂宜布置在盛行风的下风向。（×）

（46）污染性大的工厂宜布置在最小风频的上风向。（√）

（47）图案式花坛又称模纹花坛。（√）

（48）花坛的大小最大不超过广场面积的 1/5。（×）

（49）模纹花坛宜选择生长缓慢的多年生、耐修剪的观叶植物。（√）

（50）花景可分为单面观和双面观花景。（√）

（51）孤植树可作观赏的主景。（√）

（52）丛植的植株株数一般不超过 15 株。（√）

（53）三株丛植最大的一株树应稍远离。（×）

（54）列植就是指乔、灌木按一定直线和曲线成排成行地栽植。（√）

（55）自身缠绕的攀缘植物具有吸盘。（×）

（56）园椅、园凳的高度宜在 50 厘米左右。（×）

（57）园林规划设计的成果是设计图和说明书。（√）

（58）橙色系色相给人一种宁静的感觉。（×）

（59）不透式防护林宜布置在离污染源近的地方。（×）

（60）水生植物宜沿池岸布置一圈。（×）

（61）水生植物的布置宜有疏有密，时断时续。（√）

（62）门诊部建筑一般要退后红线 10～25 米，以保证卫生和安静。（√）

（63）综合性公园里的动物园宜布置在下风向或河流的下游。（√）

（64）屋顶花园宜选择耐阴植物。（×）

（65）视距三角形范围内布置植物高度以不超过 70 厘米为宜。（√）

12.6　问答题（每题 10 分）

（1）园林绿地规划设计应符合哪几方面要求？

答：应表现主题思想；运用生态原则指导园林规划设计；园林绿地应有自己的风格。

（2）园林绿地的布局方法有哪些？

答：园林绿地的布局方法主要有三种，即园林静态布局、园林动态布局、园林色彩布局。

（3）园林的布局原则有哪些？

答：①园林布局的综合性与统一性，主要表现在：园林的功能决定其布局的综合性；园林构成要素的布局具有统一性；起开结合，多样统一。

② 因地制宜，巧于因借，即地形、地貌和水体应结合地形特点，就地取材；植物与气候条件应相适宜。

③ 应主题鲜明，主景突出。

④ 应适合园林布局在时间与空间上的规定。

（4）常用的造景方法有哪些？如何利用植物的色彩进行造景？

答：常用的造景方法有借景、对景、分景、框景、夹景、漏景、添景、障景、点景。

主要应用方法有单色处理，多种色相配合，两种色彩配置在一起，类似色配合。观赏植物配色的应用有观赏植物补色对比，邻补色对比，冷色与暖色对比，类似色搭配，夜晚植物配置。

（5）花坛有哪些形式？在设计上都有哪些要求？

答：花坛的设计形式有六种类型。

① 花丛花坛：是用中央高、边缘低的花丛组成色块图案，以表现花卉的色彩美。

② 模纹花坛：主要观精致复杂的图案纹样，植物本身的个体或群体美居于次位。通常以低矮观叶（或花叶兼美）的植物组成，故不受花期的限制。

③ 标题花坛：用观花或观叶植物组成具有明确主题思想的图案，按其表达的主题内容可分为文字花坛、肖像花坛、象征性图案花坛等。

④ 立体花坛：以枝叶细密、耐修剪的植物为主，种植于有一定结构的造型骨架上，从而形成造型立体的装饰，如卡通形象、花篮或建筑等。近几年来和标题花坛一起常出现在各种节日庆典时的街道布置上。

⑤ 混合花坛：由两种或两种以上类型的花坛组合而成的花坛。

⑥ 造景花坛：借鉴园林营造山水、建筑等景观的手法，将以上花坛形式和花境、立体绿化等相结合，布置出模拟自然山水或人文景观的综合花卉景观。

（6）园林植物的配置有哪几种形式？

答：园林植物的种植类型通常有：孤植、对植、丛植、群植、列植。其中丛植包括两株树丛、三株树丛、四株树丛、五株树丛、六株树丛的配合。

（7）园林绿地设计说明书都包括哪些内容？

答：园地概况；规划设计的原则、特点及设计意图；园地总体布局及各分区、景点的设计构思；园地入口的处理方法及全园道路系统、游览线的组织；园地周围防护绿地的建设；植物的配置与树种的选择；绿地经济技术指标；需要说明的其他问题。

（8）分车绿带设计的注意要点有哪些？

答：分车带宽度；植物配置；种植形式。

（9）什么是视距三角形？视距三角形内绿化设计应注意哪些问题？

答：视距三角形：根据两条相交道路的两个最短视距，可在交叉口平面图上绘出一个三角形，称为"视距三角形"。

注意问题：视距三角形内不能有建筑物、构筑物、广告牌以及树木等遮挡司机视线的地面物，植物高度亦不能超过 0.65～0.7 米。

（10）交通岛绿化设计应注意哪些问题？

答：不能布置成供行人休息用的小游园或吸引游人的美丽花坛；常以嵌花草皮、花坛为主，或以低矮的常绿灌木组成简单的图案花坛；切忌用常绿小乔木或灌木；必须封闭。

（11）街道小游园的设计应注意哪些问题？

答：以植物为主；可设小路和小场地；可设一些建筑小品。

（12）林荫道的布置有哪些类型？设计原则是什么？

答：林荫道的布置有三种类型：设在街道中间的林荫道、设在街道一侧的林荫道、设在街道两侧的林荫道。

林荫道设计应掌握以下几条原则：必须设置游步道；车行道与林荫道绿带之间要有浓密的绿篱和高大的乔木组成的绿色屏障相隔，立面布置成外高内低的形式较好；设置建筑小品；留有出入口；以丰富多彩的植物取胜；宽度大宜用自然式，宽度小宜用规则式。

（13）简述城市道路绿化设计应遵守的原则。

答：道路绿地应与城市道路的性质、功能相适应。道路绿地应起到应有的生态功能。道路绿地设计要符合用路者的行为规律与视觉特性。道路绿地要与其他的街景元素协调，形成完美的景观。道路绿地要选择好适宜的园林植物，形成优美、稳定的景观。道路绿地应与道路上的交通、建筑、附属设施的地下管线等配合。道路绿地设计应考虑城市土壤条件、养护管理水平等因素。

（14）步行街绿化设计应注意哪些问题？

答：步行街可铺设装饰性花纹地面，增加街景的趣味性；步行街可布置装饰性小品；步行街可设置休息用的座椅、凉亭、电话间；注意植物的选择。

（15）什么是高速公路？其横断面包括哪几部分？

答：高速公路是具有中央分隔带、四个以上立体交叉的车道和完备的安全防护设施，专供车辆快速行驶的现代公路。横断面包括中央隔离带、行车道、路肩、护栏、边坡、路旁安全地带和护网。

（16）滨河路绿化设计应注意哪些问题？

答：水面窄、对面又无风景时，布置简单一些。驳岸风景多时，沿水边设置较宽阔的绿化地带，布置园林设施。创造游客亲水的条件。绿化采用自然式。选择能适应水湿和耐盐碱的树种。

（17）广场按使用功能分为哪几类？

答：集会性广场、纪念性广场、交通性广场、商业性广场、文化娱乐休闲广场、儿童游乐广场、附属广场。

（18）集会性广场设计的注意要点有哪些？

答：不宜过多布置娱乐性建筑和设施。注意合理布置广场与相接道路的交通线路。广场设计要与周围建筑布局相协调。广场内应设灯杆照明、绿化花坛等，起到点缀、美化广场及组织内外交通的作用。广场横断面设计中，在保证排水的情况下应尽量减少坡度，使场地平坦。

（19）纪念性广场设计的注意要点有哪些？

答：应有纪念性雕塑、塔、建筑等作为标志物；严禁交通车辆在广场内穿越与干扰；绿化布置选择具有代表性的树或花木。

（20）交通性广场设计的注意要点有哪些？

答：注意人与车流的分隔；种植必须服从交通安全；绿岛是集体广场的安全岛，可种植乔木、灌木并与绿篱相结合。

（21）广场绿地种植设计的基本形式及植物配置的艺术手法有哪些？

答；广场绿地种植设计的基本形式有排列式种植、集团式种植、自然式种植；配置的艺术手法有对比与衬托，韵律、节奏和层次，色彩和季相。

（22）居住区建筑的布置形式有哪几种？

答：一般有六种基本形式：行列式布置、周边式布置、混合式布置、自由式布置、庭院式布置、散点式布置。

（23）居住区绿地有哪些功能？

答：居住区绿化以植物为主体，从而在净化空气、减少尘埃、吸收噪声、保护居住区环境方面有良好的作用；美化居住区的面貌；有利于各种人群的户外活动；各种灾难发生时可以疏散人群；居住区绿化选择既好看又有经济价值的植物布置，使观赏、功能、经济结合起来，取得良好的效应。

（24）宅间绿化布置有哪些形式？

答：底层行列式空间绿化；周边居住建筑群之间的空间绿化；庭院绿化；住宅建筑旁的绿化；多单元式住宅四周绿化；生活杂物场地的绿化。

（25）宅间绿地的植物布置要注意哪些问题？

答：绿化布局、树种选择要体现多样化，以丰富绿化面貌，即区别不同行列、单元作用。注意耐阴树种的配置，确保阴影部位良好的绿化效果。住宅附近管线比较密集，树木栽植要留够距离，以免留后患。树木栽植不要影响住宅的通风、采光，南边一般应在窗外5米以外栽植。绿化布置要注意尺度，以免树种选择不当给人带来拥挤、狭窄的心理感觉。把室外自然环境通过植物的安排与室内环境联系成一体，使居民有一个良好的绿色环境心理感，使人赏心悦目。

（26）园林绿地的功能包括哪些？

答：园林绿地主要包括三大方面的功能，即生态功能、社会功能和经济功能。

① 生态功能：有利于形成绿色城市、生态城市；净化空气（吸收二氧化碳，释放氧气，吸收有害气体，减少粉尘污染，杀死病菌）；调节温度；调节湿度；减弱噪声污染；净化水体；净化土壤；通风、防风、防沙。

② 社会功能：美化城市，形成独特的城市景观；陶冶情操，提高城市生活质量，调整环境心理；防灾避难，有利于人员疏散、物资输送。

③ 经济功能：与旅游业相结合，实现产业效应；影响房地产价格；开放园林，引进游乐设施实现经济效益。

（27）行道树选择上应注意哪些问题？

答：选择适应性强、苗木来源容易、成活率高的树种。选择树龄长、干通直、树姿端正、体形优美、冠大荫浓、花朵艳丽、芳香馥郁、发芽早、落叶迟、叶色富于季相变化的树种。选择花果无臭味，无飞絮，飞粉、落花、落果不打伤行人，无污染的树种。选择耐修剪、愈合力强的树种。不选择带刺或浅根的树种、根特别发达易隆起的树种、萌芽力强的树种。

（28）居住区绿地设计的原则有哪些？

答：可达性：绿地设计应接近住所，便于居民随时进入，常设在居民经常经过并可自然到达的地方。

功能性：要讲究实用并有一定的经济效益。

亲和性：将绿化、各项公共设施以及各种小品设计得平易近人，让居民感到亲切与和谐。

系统性：居住区绿地设计与总体规划相一致，又自成一个完整的系统。

全面性：居住区绿地应根据不同年龄组居民的使用特点和使用程度，作出恰当的安排。

艺术性：在节省投资且有收益的基础上，突出审美功能，使人赏心悦目，充分发挥绿地的美化功能。

（29）居住区绿化怎样进行植物种类的搭配？

答：① 乔灌结合，常绿和落叶、速生和慢生结合，适当配置和点缀一些花卉、草皮。

② 植物种类不宜繁多，但也要避免雷同、单调，要达到多样统一。

③ 在统一基调的基础上，树种力求变化，创造出优美的林冠线和林缘线，打破建筑群体的单调和呆板感。

④ 在栽植上适当运用造园手法，创造出千变万化的景观。

（30）居住区绿化树种应如何选择？

答：生长健壮、便于管理的乡土树种；树冠大、枝叶茂密，类似于落叶阔叶乔木这样的树种；常绿树和开花灌木；耐阴树种和攀缘树种；具有环境保护作用和经济效益的植物。

（31）论述城市园林绿地在改善城市生态环境方面的作用。

答：生态防护功能；维持碳氧平衡；净化环境；改善城市小气候；降低城市噪声；防灾减灾；保护生物多样性。

（32）论述宅旁绿化的绿化要点。

答：庭院绿化：①庭院处于住宅群的环绕之中，因建筑物的遮挡造成大面积的阴影，因此要注意耐阴树种的配置，以保持阴影部位良好的绿化效果。②自然式绿篱分隔庭院，可降低噪声。③多层住宅朝南部分设计集中绿地，主要布置在住宅楼内居民做短时间休憩及简易幼儿活动场地。底层住户庭院的分隔影响到庭院的外貌，常用通透围墙和绿篱两种形成分隔。④花木配置宜采用孤植、丛植的方式，栽植于靠近窗口或居民经常出入之处。

住宅周围绿地：①宅前步行道在庭院入口处，可与围墙结合，利用常绿和开花植物形成绿门、绿墙。②山墙头绿地可将山墙间的空地连成带状，设计成树丛或攀缘植物。③窗前绿地对室内采光、通风，以及防止噪声、视线干扰等方面起相当重要的作用。④屋角绿地打破建筑线条的生硬感，形成墙角"绿柱"。⑤屋顶绿化具有调节温湿度、改善小气候的作用。⑥注意室内外和院内外绿化结合。

（33）校园绿化的作用有哪些？

答：为师生创造一个防暑、防寒、防风、防尘、防噪、安静的学习、生活和工作环境；通过绿化、美化陶冶学生情操，激发学习热情；通过美丽的花坛、花架、花池、草坪、乔灌木等复层绿化，为师生提供休息、文化娱乐和体育活动的场所；通过校园内大量的植物丰富学生的科学知识，提高学生认识自然的能力；对学生进行思想教育。

（34）校园绿化有哪些特点？

答：与学校性质和特点相适应；校舍建筑功能多样；师生员工集散性强；学校所处地理位置、自然条件、历史条件各不相同；绿地指标要求高。

（35）学校小游园设计应注意哪些问题？

答：① 小游园是学校园林绿化的重要组成部分，是美化校园的精华的集中表现。设置要根据不同学校的特点，充分利用自然山丘、水塘、河流、林地等自然条件，合理布局，创造特色。

② 小游园应与学校其他设施的总体规划相结合，统一规划设计。一般选在教学区或行政管理区与生活区之间。

③ 游园形式应与周围的环境协调一致，可采用规则式、自然式设计。

（36）试论述大学校园绿地规划设计要点。

答：① 园前区绿化，往往形成广场和集中绿化区，为校园绿化美化地段之一。

② 教学科研区绿化，提供安静优美的环境，也为学生创造课间进行适当活动的绿色室外空间。

③ 生活区绿化，应以校园绿化为前提，根据场地大小进行规划，兼顾交通、休息、活动、观赏等功能。

④ 体育活动区绿化，在场地四周栽种高大乔木，下层配置耐阴的花灌木。

⑤ 道路绿化，道路两侧行道树应该以乔木为主，在行道树外侧种植草坪或点缀花灌木。

⑥ 休息游览区绿化，要根据场地地形地势、周围道路、建筑环境等综合考虑，因地制宜地进行规则式、自然式和混合式布局。

（37）简述种植设计在园林规划设计中的一般原则。

答：符合园林绿地的性质和功能要求；考虑园林艺术的需要；选择合适的植物种类，满足植物的生态要求；注意种植的密度和搭配。

（38）建造屋顶花园的意义是什么？

答：增加城市绿化面积，改善日趋恶化的人类生存环境空间；改善众多道路的硬质铺装取代自然土地和植物的现状；减少因各种废气污染形成的城市热岛效应、沙尘暴等对人类的危害；开拓人类绿化空间，建造田园城市，改善人民的居住条件，提高生活质量，且有利于美化城市环境，改善生态效应。

（39）结合屋顶花园的环境特点，总结建屋顶花园所选择的植物应具备哪些条件。

答：在选择植物时应考虑以下因素：生长健壮并有很强的抗逆性；适应性强，耐瘠薄，适应浅土层；耐干旱、抗风力、抗热力强，不易倒伏；易成活，耐修剪，生长速度慢；能忍受夏季干热风的吹袭，冬季能耐低温；易管理，便于养护；抗污染性强，能吸收有污染的气体或吸附能力强。

（40）屋顶花园的日常管理有哪些内容？

答：屋顶花园的功能能否体现关键在于管理，主要管理内容有：注意植物生长情况，对于生长不良的植物应及时采取措施；注意水肥，浇水以勤浇、少浇为主；经常修剪，及时清理枯枝落叶，包括一些病枝等；注意排水，防止排水系统被堵；对于花草应及时更新，以免影响整体效果。

（41）分析屋顶花园的环境特点，总结屋顶花园在建造过程中应注意的问题。

答：① 屋顶花园的地形、地貌和水体方面与地面花园不同，受到承重和防水等方面的限制。

② 建筑物、构筑物、道路、广场不受地面条件制约，而受到花园面积及楼体承重的制约。

③ 园内空气通畅，污染少，风大，光合作用强，温度与地面差别大，园内植物的分布、抗旱性、抗病虫能力与地面不同。

④ 建造上应注意经济、适用、精美、安全、创新的要求。

（42）在屋顶花园的园林工程建造过程中应注意哪些问题？为什么？

答：在屋顶花园的园林工程建造过程中，主要应注意防水与荷载两个问题。因为屋顶花园建设中的一项难题就是，在营建中原屋顶的防水系统容易被破坏，从而使屋顶漏水，这样不但会造成很大的经济损失，同时也会影响屋顶花园的推广。另外，建造屋顶花园的先决条件是屋顶是否能承受由屋顶花园的各项园林工程所增加的荷载。

（43）屋顶绿化与地面绿化相比有哪些特殊功能？

答：主要有四点：改善生态环境，增加城市绿化面积；美化环境，调节心理；改善室内环境，调节室内温度；提高楼体本身的防水作用。

（44）儿童医院绿化有什么特殊要求？

答：植物的外形、色彩、尺度要符合儿童的心理与需要；避免选择种子飞扬、有毒、有刺、有异味的树种。

（45）运动性公园的绿化设计有何特色？

答：自古以来，运动训练等体育活动就与绿化有着密切的联系。出入口附近，绿化应简洁明快，可设置花坛、草坪等，色彩应以有强烈运动感的色彩为主。体育馆出入口应留有足够的空间，周围应以乔木和花冠木衬托主体建筑的雄伟。道路两侧以绿篱引导视线。草坪选择应耐践踏，适当种植落叶乔木和常绿树种，夏季以供乘凉，不宜选择带刺或对人有致敏性的树种。绿化设计应既满足体育锻炼等特殊需要，又能起到美化、改善环境的作用。儿童区可结合树种整形修剪，以提高儿童的兴趣。

12.7 设计题（第一题30分，第二题70分为技能考核题）

题目1：给定湖南地区某学校宿舍区的一块绿地。该绿地位于宿舍区中心，地形平坦，绿地尺寸如图12-1所示。要求考生完成该绿地的植物种植施工图设计，并设置简洁流畅的园路和一套石桌凳。绿地坐北朝南。

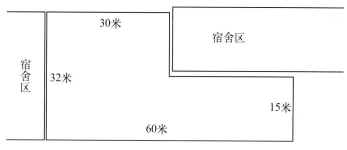

图12-1 某学校宿舍区休闲绿地

（1）完成内容

① 植物种植施工图设计，乔木、灌木与地被等植物分层绘制。

② 在施工图中必须标明植物名称、数量和单位。

③ 完成植物配置表，其中苗木品种、规格和数量自定。

（2）考核须知

① 采用一张A3绘图纸制图，图纸比例自定。

② 电脑CAD或手绘（工具：马克笔、彩色铅笔、三角板等）。

③ 1.5小时内独立完成。

题目2：邓氏别墅庭院园林规划设计（图12-2）。业主要求简洁高端，有一定的休闲活动空间，景观规划范围有前庭、后院和通道。要求有假山水景、花架等园林设施和景观小品。别墅坐西朝东。

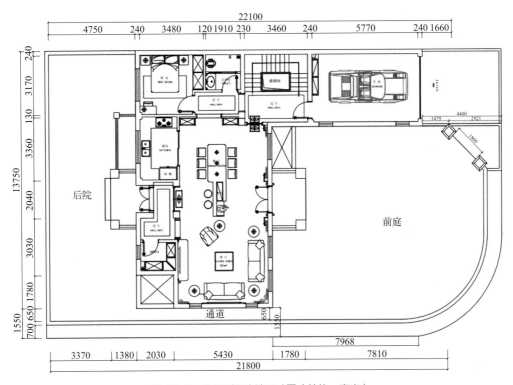

图 12-2　邓氏别墅庭院尺寸图（单位：毫米）

（1）完成内容

① 要求因地制宜合理搭配别墅庭院景观植物。

② 要求合理布置园林景观小品设施（假山水景、花架等）。

③ 考虑夜景照明和喷灌设施。

④ 要求绘制总平面图、效果图或主要景点效果图。

（2）考核须知

① 采用一张 A3 绘图纸制图，图纸比例自定。

② 电脑 CAD 或手绘（工具：马克笔、彩色铅笔、三角板等）。

③ 4 小时内独立完成。

参考文献

[1] 张健.景观设计员[M].北京：中国劳动社会保障出版社，2008.
[2] 中国就业培训技术指导中心.景观设计员（国家职业资格四级）[M].北京：中国劳动社会保障出版社，2010.
[3] 张淑英，周业生.园林工程制图[M].2版.北京：高等教育出版社，2015.
[4] 胡长龙.园林规划设计：理论篇[M].3版.北京：中国农业出版社，2010.
[5] 王晓俊.风景园林设计[M].3版.南京：江苏科学技术出版社，2009.
[6] 中华人民共和国住房和城乡建设部.房屋建筑制图统一标准[S].北京：中国建筑工业出版社，2017.
[7] 刘仁林.园林植物学[M].北京：中国科学技术出版社，2003.
[8] 臧德奎.园林植物造景[M].北京：中国林业出版社，2008.
[9] 祝遵凌.园林植物景观设计[M].北京：中国林业出版社，2012.
[10] 穆守义.园林植物造型艺术[M].郑州：河南科学技术出版社，2001.
[11] 尹吉光.图解园林植物造景[M].北京：机械工业出版社，2007.
[12] 宋钰红.别墅区绿地植物造景概述[J].南方农业，2010，4（6）：37-39.
[13] 余然.别墅庭院的植物造景设计[J].绿色科技，2010（10）：27-29.
[14] 王继旭.机关单位附属绿地园林植物配置研究[J].中国园艺文摘，2010（4）：70-71.
[15] 肖洋.浅谈居住区绿地植物配置的误区及对策[J].现代园艺，2007（11）：33-34.
[16] 周虎，钱多.园林绿地中微地形的功能及设计方法[J].绿色科技，2012（2）：57-58.
[17] 张媛，段渊古.植物造景在别墅环境设计中的应用[J].北方园艺，2008（8）：148-151.
[18] 张红星.城市街头园林景观的植物配置技术[J].吉林蔬菜，2014（3）：42-43.